Application Design of IPSec VPN Technology
Based on National Cryptographic Algorithm

基于国密算法的 IPSec VPN技术应用设计

徐振标　著

中国科学技术大学出版社

内 容 简 介

本书在简要介绍网络安全、IPSec VPN和国密算法的基础上，探讨了国密算法在IPSec VPN技术中的应用，并结合安徽省国资委的实际需求，提出了相应的网络拓扑设计方案。通过使用国密SM1、SM2、SM3、SM4算法替代IPSec协议默认的非对称协商算法、哈希算法和对称加密算法，设计并实现了一套基于系统内核协议栈的IPSec VPN系统。

本书可作为对国密算法、VPN技术感兴趣的研究人员的参考资料。

图书在版编目(CIP)数据

基于国密算法的IPSec VPN技术应用设计 / 徐振标著. -- 合肥：中国科学技术大学出版社，2024.8. -- ISBN 978-7-312-06062-5

Ⅰ. TP393.4

中国国家版本馆CIP数据核字第2024ZS4680号

基于国密算法的 IPSec VPN 技术应用设计
JIYU GUOMI SUANFA DE IPSec VPN JISHU YINGYONG SHEJI

出版	中国科学技术大学出版社
	安徽省合肥市金寨路96号,230026
	http://press.ustc.edu.cn
	https://zgkxjsdxcbs.tmall.com
印刷	安徽国文彩印有限公司
发行	中国科学技术大学出版社
开本	710 mm×1000 mm 1/16
印张	10.25
字数	137千
版次	2024年8月第1版
印次	2024年8月第1次印刷
定价	50.00元

前　　言

党的十八大以来，我国国有资产管理日益规范，但在数字化时代，如何运用现代科技手段进一步提升国有资产管理效能，成为摆在我们面前的一个新课题。

在数字化环境下，网络安全尤其是通信安全对国有资产管理的重要性与日俱增。保障数据在传输过程中的机密性、完整性、可用性和不可抵赖性，维护国有企业的网络生态安全，已成为国资监管部门义不容辞的职责。

IPSec VPN 技术为确保互联网上数据传输的安全提供了可靠的解决方案。而将我国自主创新的国密算法应用于 IPSec VPN，不仅可以增强 VPN 连接的安全性，还有利于满足国家相关网络安全标准的要求，保障国资管理信息系统的自主可控。

本书在简要介绍网络安全、IPSec VPN 和国密算法的基础上，探讨了国密算法在 IPSec VPN 技术中的应用，并结合安徽省国资委的实际需求，提出了相应的网络拓扑设计方案。通过使用国密 SM1、SM2、SM3、SM4 算法替代 IPSec 协议默认的非对称协商算法、哈希算法和对称加密算法，设计并实现了一套基于系统内核协议栈的 IPSec VPN 系统。

全书主要内容如下：第 1 章介绍国有资产监管的现状；第 2 章介绍国密算法和 IPSec VPN 技术的相关概念；第 3 章分析安徽省国资委国资国企在线监管系统的需求及概要设计；第 4 章研究基于国密算法的 IPSec VPN 技术在安徽省国资委国资国企在线监管系统中的设计与实现方案，讨论该方案在安徽省国资委的实际部署，并对设计方案进行测试；第 5 章对设计方案中的设计要点进行总结。实践表明，本书提出的基于国密算法的 IPSec VPN 系统，在满足数据安全需求的同时，还能够保持良好的传输性能，为提升国资专网的安全可靠性提供了有效途径，具有较强的实用价值和推广潜力。

　　本书的写作源于作者在国资监管信息化项目中的调研和思考，希望能够为关注国有资产管理、网络安全、密码应用等领域的研究人员、技术人员和管理人员提供参考，为我国国资监管能力现代化建设贡献绵薄之力。书中所展示的各种地址信息、配置信息等均是虚拟的，仅供参考。

　　由于作者学识有限，书中难免存在不足，恳请各位专家学者批评指正。

徐振标

2024 年 4 月

目　录

前言 ……………………………………………………………………（ⅰ）

第1章　绪论 ……………………………………………………………（001）
　1.1　国有资产监管的目的及挑战 ……………………………………（001）
　1.2　建立国资国企在线监管系统的必要性 …………………………（002）

第2章　国密算法与IPSec VPN技术概述 ……………………………（004）
　2.1　国密算法概述 ……………………………………………………（004）
　2.2　IPSec VPN技术概述 ……………………………………………（007）

第3章　安徽省国资委国资国企在线监管系统的需求分析与概要设计 …（021）
　3.1　网络安全需求分析 ………………………………………………（021）
　3.2　IPSec VPN需求分析 ……………………………………………（023）
　3.3　国密算法需求分析 ………………………………………………（024）
　3.4　总体规划与概要设计 ……………………………………………（029）

第4章　安徽省国资委国资国企在线监管系统的实现 ………………（100）
　4.1　配置文件 …………………………………………………………（100）
　4.2　系统调试与测试 …………………………………………………（146）
　4.3　测试结果 …………………………………………………………（148）

第5章　监管系统的设计要点 …………………………………………（149）
　5.1　隧道技术要点 ……………………………………………………（149）
　5.2　加密技术要点 ……………………………………………………（150）
　5.3　认证技术要点 ……………………………………………………（150）
　5.4　IKE技术要点 ……………………………………………………（151）
　5.5　SA服务要点 ……………………………………………………（153）
　5.6　ESP技术要点 ……………………………………………………（154）
　5.7　IPSec数据封装要点 ……………………………………………（154）
　5.8　IPSec实施要点 …………………………………………………（155）

参考文献 ………………………………………………………………（157）

第1章 绪 论

国有企业是我国国民经济的重要支柱和实现国家战略目标的重要力量,不仅在关系国计民生的重要行业和关键领域发挥着不可替代的作用,而且在关键时期能够发挥"顶梁柱"作用,化解风险,增强发展信心;同时,国有企业肩负着更多的社会责任,在稳定就业、促进公平、保护环境、提供基本公共服务等方面为保障和改善民生作出重要贡献;此外,国有企业还是推动科技创新的生力军,在攻克关键核心技术、引领产业变革、抢占科技竞争制高点等方面发挥着越来越重要的作用。因此,在新的历史起点上,要进一步深化国企改革,增强国有经济活力、控制力、影响力,推动国有企业高质量发展,更好服务国家发展大局,为全面建设社会主义现代化国家作出更大贡献。

1.1 国有资产监管的目的及挑战

国有资产监管是维护国有资产安全完整、提高国有资本运营效率的重要手段,对于增强国有经济活力、放大国有资本功能、实现国有资产保值增值具有重要意义。国有资产监管的目的主要包括:

(1)维护国有资产安全完整。通过健全国资监管制度体系,加强对国有资产的全面监督,确保国有资产不流失、不变质、不损害,实现国有资产的安全和保值增值。

(2)提高国有资本配置和运营效率。引导国有资本更多投向关系国计民生的重要行业和关键领域,推动国有经济布局优化和结构调整,提升国有资本配置效率;完善国有资本经营预算制度,强化国有资本收益管理,提高国有企业效率和效益。

（3）完善国有资产管理体制。按照政企分开、政资分开、所有权与经营权分离的要求,深化国资监管体制改革,建立健全国资监管机构履职尽责的制度安排,规范和加强国有资产出资人职能,推进国有资本授权经营体制改革。

（4）防范国有资产运营风险。加强国有资产监督,健全国有资产监管的制度规则,强化国有企业内部控制和全面风险管理,有效防范国有资产流失风险,着力化解国有企业风险隐患,稳妥推进债务风险防控,守住不发生重大风险的底线。

国有资产监管也面临诸多挑战,主要包括:体制机制有待进一步理顺,监管职能有待进一步优化,监管能力和水平有待进一步提升,以管资本为主的监管模式有待进一步探索完善等。此外,在国内外环境复杂多变、不稳定不确定因素增多的背景下,防范化解国有企业重大风险、提高国有资本监管的针对性和有效性还面临新的挑战。因此,要不断完善国有资产监管制度,创新监管方式方法,加快形成有效制衡的国有资产监管体系;要聚焦监管重点,突出抓好国有资本布局、规范资本运作、强化风险防控、提高监管效能等关键环节;要加强监管协同配合,形成监管工作合力,不断增强国资监管的系统性、整体性、协同性。只有不断增强国资监管的科学性、规范性、有效性,才能切实维护国有资产安全完整,推动国有资本做强做优做大,更好服务国家发展大局。

1.2　建立国资国企在线监管系统的必要性

建立国资国企在线监管系统是提高国有资产监管效能、防范化解国有企业重大风险的现实需要,也是加快推进国资监管数字化、智能化,实现国有资产监管与时俱进的必然要求。通过在线监管系统,可以实现国有资产监管全覆盖,提高监管的及时性和有效性,增强监管的针对性和精准性,提升监管工作效率和监管能力现代化水平,强化国资监管的协同性和穿透性,并促进依法治企和法治国资建设。加快建立国资国企在线监管系统,是以习近平新时代中国特色社会主义思想为指导,全面贯彻落实党的二十大精神,着力完善国有资产监管体制、提升监管效能的一项重要举措,对于进一步提高国资监管现代化水平,推动国资国企高质量发展,更好地服务国家发展大局具有十分重要的意义。

第2章 国密算法与IPSec VPN技术概述

2.1 国密算法概述

国密算法即国家密码局认定的国产密码算法,主要有 SM1、SM2、SM3、SM4。密钥长度和分组长度均为128位。SM1 为对称加密,SM2 为非对称加密,SM3 为消息摘要,SM4 为分组密码算法。它们均是由我国密码安全机构自主研发的密码算法,可用于国家信息安全相关各个领域中。我国《IPSec VPN 技术规范》所规定的在 IPSec 协商过程中要使用到的算法包括 SM2 椭圆曲线算法、SM1 或 SM4 分组密码算法、SM3 密码杂凑算法等。

2.1.1 SM1算法

SM1 为对称加密,该算法的算法实现原理没有公开,仅以 IP 核的形式存在于芯片中,它的加密强度和 AES(Advanced Encryption Standard,密码学中的高级加密标准)相当,需要调用加密芯片的接口进行使用。SM1 的密钥长度以及算法本身的强度和不公开性保证了通信的安全性。同时 SM1 算法的加密过程中,通过多次迭代进行置换、代换、混淆等操作,从而实现对明文的加密。SM1 算法的优点是加密速度快、安全性高,适用于各种信息安全领域的加密需求。

2.1.2　SM2 算法

SM2 椭圆曲线公钥算法是国密标准中的非对称算法,属于对椭圆曲线密码学(Elliptic Curve Cryptography,ECC)算法的一种拓展,其数学基础建立在椭圆曲线离散对数问题上。SM2 算法所规定公钥长度为 512 位,私钥长度为 256 位。

与 RSA 算法(非对称加密算法)相比,采用基于 ECC 的 SM2 算法能够在密钥长度相当的情况下,提供更高的安全性保护。192 位 SM2 密码的强度能够超过 2048 位的 RSA 密码。

SM2 算法就是 ECC 椭圆曲线密码机制,但在签名、密钥交换方面不同于 ECDSA(椭圆曲线数字签名算法)、ECDH(ECC 算法和 DH 密钥结合使用的算法)等国际标准,而是采取了更为安全的机制。另外,SM2 推荐了一条 256 位的曲线作为标准曲线。

SM2 标准包括总则、数字签名算法、密钥交换协议、公钥加密算法四个部分,并在每个部分的附录详细说明了实现的相关细节及示例。SM2 算法主要考虑素域 Fp 和 F2m 上的椭圆曲线,分别介绍了这两类域的表示、运算,以及域上的椭圆曲线的点的表示、运算和多倍点计算算法。然后介绍了编程语言中的数据转换,包括整数和字节串、字节串和比特串、域元素和比特串、域元素和整数、点和字节串之间的数据转换规则。详细说明了有限域上椭圆曲线的参数生成以及验证,椭圆曲线的参数包括有限域的选取、椭圆曲线方程参数、椭圆曲线群基点的选取等,并给出了选取的标准以便于验证。最后给椭圆曲线上密钥对的生成以及公钥的验证,用户的密钥对为 (s, sP),其中 s 为用户的私钥,sP 为用户的公钥,由于离散对数问题从 sP 难以得到 s,并针对素域和二元扩域给出了密钥对生成细节和验证方式。总则中的知识也适用于 SM9 算法。

在总则的基础上,SM2 给出了数字签名算法(包括数字签名生成算法和验证算法),密钥交换协议以及公钥加密算法(包括加密算法和解密算法),并在每个部分给出了算法描述、算法流程和相关示例。

数字签名算法、密钥交换协议以及公钥加密算法都使用了国家密管理局批准的 SM3 密码杂凑算法和随机数发生器。数字签名算法、密钥交换协议以及公钥加密算法根据总则来选取有限域和椭圆曲线,并生成密钥对。

2.1.3 SM3算法

SM3 算法是一种杂凑算法,是国密标准中的一部分。它可以用于数字签名与验证、消息认证码生成和伪随机数的生成等多种密码应用。与 SHA-256 相比,SM3 算法具有相当的安全性和效率。

该算法提供了杂凑函数算法的计算方法和计算步骤,并给出了运算示例。它适用于商用密码应用中的数字签名和验证、消息认证码的生成与验证以及随机数的生成,可以满足多种密码应用的安全需求。在 SM2 和 SM9 标准中都使用了该算法。

SM3 算法采用填充和迭代压缩的方式,对输入长度小于 2^{64} bit 消息进行处理,生成长度为 256 bit 的杂凑值。算法中使用了异或、模、模加、移位、与、或、非等运算,由填充、迭代过程、消息扩展和压缩函数所构成。

2.1.4 SM4算法

SM4 算法是一种分组对称密钥算法,符合国密标准。它使用 128 位的明文、密钥和密文长度,并且加密和解密所用的密钥相同。该算法适用于快速解密流式数据。

SM4 算法采用非线性迭代结构,其中每次迭代都由一个轮函数给出。轮函数由一个非线性变换和线性变换组成,其中非线性变换由 S 盒给出。每个轮函数都由轮密钥 rki 和合成置换 T 组成。轮密钥的生成与加密密钥相似,但轮函数中的线性变换和其他参数不同。

SM4 算法的加密和密钥扩展均通过 32 轮非线性迭代过程实现。在轮函数中,轮密钥用于处理 128 位数据。在解密过程中,使用加密轮密钥的逆序作为轮密钥。加密过程中,首先将 128 位密钥分成 4 组,每组 32 位。然后进行密钥扩展,生成 32 组 32 位轮密钥。接下来,将输入明文按照 32 位一组分成 4 组,并进行循环运算,最终得到 128 位密文。

2.2　IPSec VPN 技术概述

2.2.1　VPN 简介

虚拟专用网(Virtual Private Network,VPN)是通过互联网建立一个临时的、安全的网络连接,是一种穿越互联网的安全、稳定的虚拟隧道。VPN 是内部网络通过互联网的一种扩展,可以帮助远程用户、分支机构、业务伙伴以及自身与供应商之间建立可信的安全连接,来保障安全的数据通信与互联。

VPN 可以根据需要提供可加密、可认证、可防火墙的功能,是穿越互联网而虚拟隧道化的一种技术,由此可见,VPN 是通过四项安全保障技术来保障安全数据传输的。四项安全保障技术为:隧道技术、加解密技术、密钥管理技术以及发送方与接收方之间的相互认证技术。

VPN 同实际物理链路网络一样,有时根据需要也要运行某种网络协议。VPN 常用的协议及每种协议与 VPN 的结合方式介绍如下:

(1) IPSec 协议

IPSec 协议(IP Security,网际协议安全)是保护 IP 协议安全通信的标准,它主要对 IP 协议分组进行加密和认证。

(2) GRE 协议

GRE(Generic Routing Encapsulation)协议是VPN的第三层隧道协议。

（3）SSL 协议

SSL(Secure Sockets Layer)协议位于TCP/IP协议与各种应用层协议之间,为数据通信提供安全支持。

（4）MPLS

MPLS(Multi-Protocol Label Switching)即多协议标签交换,是一种用于快速数据包交换和路由的体系,它为网络数据流量提供了目标、路由、转发和交换等能力。MPLS独立于第二和第三层协议,看似属于第2.5层协议。它提供了一种方式,将IP地址映射为简单的具有固定长度的标签,用于不同的包转发和包交换技术。MPLS VPN相对于其他VPN,采用MPLS组建的VPN具有更好的可维护性及可扩展性,MPLS VPN更适合于组建大规模的复杂的VPN。

（5）PPTP

PPTP(Point to Point Tunneling Protocol)即点到点隧道协议,其功能由两部分构成:访问集中器PAC和网络服务器PNS,而PPTP则是在二者之间实现,而且二者之间并不包括其他系统。

（6）L2F 协议

L2F(Layer 2 Forwarding)即第二层转发协议。它允许通信载体和其他服务提供商提供远程拨号接入,其在某些方面和PPTP有些相似。

（7）L2TP

L2TP(Layer 2 Tunneling Protocol)即第二层隧道协议,与PPTP和L2F相似,三者只是基于不同的网络设备和设备生产商基于不同的目的而开发的。

2.2.2　IPSec 协议的实现

IPSec VPN是一种三层隧道协议。三层隧道协议是把各种网络协议直接装入隧道协议中,形成的数据包依靠第三层协议进行传输。同时提供安全协议选择、安全算法,确定服务所使用密钥等服务,从而在IP层提供安全保障。

密钥管理技术的主要任务是确保在公用数据网上安全地传递密钥而不被窃取。现行密钥管理技术又分为 SKIP 与 ISAKMP/OAKLEY 两种。SKIP 主要是利用 Diffie-Hellman 算法在网络上传输密钥;在 ISAKMP 中,双方都有两把密钥,分别用于公用、私用。

IPSec VPN 提供了三种安全机制:

(1) 认证机制

使IP通信的数据接收方能够确认数据发送方的真实身份以及数据在传输过程中是否遭篡改。

(2) 加密机制

通过对数据进行加密运算来保证数据的机密性,以防数据在传输过程中被窃听。

(3) 数据完整性

使IP通信的数据接收方能够确认数据在传输过程中是否遭篡改。

IPSec 协议不是一个单独的协议,它给出了应用于IP层上网络数据安全的一整套体系结构,包括网络认证协议 AH、ESP、IKE 和用于网络认证及加密的一些算法等。其中,AH 协议和 ESP 协议用于提供安全服务,IKE 协议用于密钥交换。

在实际进行IP通信时,可以根据实际安全需求同时使用这两种协议或选择使用其中的一种。AH 和 ESP 都可以提供认证服务,不过,AH 提供的认证服务要强于 ESP。同时使用 AH 和 ESP 时,支持的 AH 和 ESP 联合使用的方式为:先对报文进行 ESP 封装,再对报文进行 AH 封装,封装之后的报文从内到外依次是原始IP报文、ESP头、AH头和外部IP头。

对于 IPSec 数据流处理而言,有两个必要的数据库:安全策略数据库 SPD 和安全关联数据库 SADB。其中 SPD 指定了数据流应该使用的策略,SADB 则包含了活动的 SA(Security Association,安全联盟)参数,二者都需要单独地输入输出数据库。IPSec 协议要求在所有通信流处理的过程中都必须检查 SPD,不管通信流是输入还是输出。SPD 中包含一个策略条目的有序列表,通过使用一个或多个选择符来确定每一个条目。IPSec 选择符包括:目的 IP 地址、源 IP 地址、名字、上层协议、源端口和目的端口以及一个数据敏感级别。

IPSec 协议中的 AH 协议定义了认证的应用方法,提供数据源认证和完整性保证;ESP 协议定义了加密和可选认证的应用方法,提供数据可靠性保证。两者的区别如表2.1所示。

表2.1 AH协议和ESP协议的区别

特　　性	AH　协　议	ESP　协　议
协议号	51	50
基本功能	数据源认证 数据完整性校验 防报文重放功能	数据加密 数据源认证 数据完整性校验 防报文重放功能
适用场景	能保护通信免受篡改,但不能防止窃听,适合用于传输非机密数据	能保护通信免受篡改,也能防止窃听,适合用于传输机密数据
加密算法	无	DES、3DES、AES、SM1、SM4
认证算法	MD5、SHA-1、SM3	MD5、SHA-1、SM3

2.2.2.1 SA

IPSec 在两个端点之间提供安全通信,这两个端点被称为 IPSec 对等体。SA 是 IPSec 的基础,也是 IPSec 的本质。SA 是 IPSec 对等体间对某些要素的约定,例如,使用哪种协议(AH、ESP 还是两者结合使用)、协议的封装模式(传输模式和隧道模式)、加密算法(DES、3DES 和 AES)、特定流中保护数据的共享密钥以及密钥的生存周期等。建立 SA 的方式有手工配置和 IKE 自动协商两种。SA 是单向的,在两个对等体之间的双向通信,最少需要两个 SA 来分别对两个方向的数据流进行安全保护。同时,如果两个对等体希望同时使用 AH 和 ESP 来进行安全通信,则每个对等体都会针对每一种协议来构建一个独立的SA。SA由一个三元组来唯一标识,这个三元组包括 SPI(Security Parameter Index,安全参数索引)、目的IP地址、安全协议号(AH或ESP)。SPI是用于唯一标识SA的一个32比特数值,它在AH和ESP头中传输。在手工配置SA时,需要手工指定SPI的取值。使用IKE协商产生SA时,SPI将随机生成。通过IKE协商建立的SA具有生存期限,手工方式建立的SA永不老化。IKE协商建立的SA的生存期限有两种定义方式:① 生存周期,基于时间定义了一个SA从建立到失效的时间;② 生存大小,基于流量定义了一个SA允许处理的最大流量。生存期限到达指定的时间或指定的流量时,SA就会失效。SA失效前,IKE将为IPSec协商建立新的SA,这样,在旧的SA失效前新的SA就已经准备好。在新的SA开始协商而没有协商好之前,继续使用旧的SA保护通信。在新的SA协商好之后,则立即采用新的SA保护通信。

　　IPSec的所有会话都是在通道中传输的,SA则是IPSec的基础,但SA并不是隧道,而是一组规则,是通信对等方之间对某些要素的一种协定,如IPSec安全协议、协议的操作模式、密码算法、密钥、用于保护它们之间的数据流密钥的生存期等等。

　　SA由三个部分内容唯一标识,即SPI、IP目的地址和安全协议标识符。根据IPSec的封装模式同样也可以将SA分为传输模式SA和隧道模式SA,二者的应用机理则根据IPSec的实际实施来决策。

　　SA可以创建也可以删除,可由手工进行创建和删除操作,也可通过一个Internet标准密钥管理协议来完成,如IKE。SA的创建分两步进行:协商SA参数,然后用SA更新SADB。如果安全策略要求建立安全、保密的连接,但又找不到相应的SA,IPSec内核便会自动调用IKE,IKE会与目的主机或者途中的主机/路由器协商具体的SA,而且如果策略要求,还需要创建这个SA。SA在创建好且加入SADB后,保密数据包便会在两个主机间正常地传输。

　　SA的删除有诸多情况:

　　① 存活时间过期;

② 密钥已遭破解；

③ 使用SA加密/解密或验证的字节数已经超过策略设定的某一个阈值；

④ 另一端请求删除相应SA。

同SA创建一样，SA的删除也有手工删除和通过IKE删除两种方式。为了降低系统被破解的威胁，系统经常需要定期定量更新密钥，而IPSec本身没有提供更新密钥的能力，为此必须先删除已有的SA，然后再去协商并建立一个新SA。为了避免耽搁通信，在现有的SA过期之前，必须协商好一个新的SA。

1. SA 的协商方式

IPSec对等体之间通过如下两种协商方式建立SA：

（1）手工方式

配置比较复杂，创建SA所需的全部信息都必须手工配置，而且不支持一些高级特性（例如定时更新密钥），但优点是可以不依赖IKE而单独实现IPSec功能。

（2）IKE自动协商

相对比较简单，只需要配置好IKE协商安全策略的信息，由IKE自动协商来创建和维护SA。当通信的对等体设备数量较少时，或是在小型静态环境中，手工配置SA是可行的。对于中、大型的动态网络环境中，推荐使用IKE协商建立SA。

2. SA 的封装方式

IPSec有传输和隧道两种封装模式。

不同的安全协议在transport模式和tunnel模式下的数据封装形式如图2.1所示，Data为传输层数据。

（1）隧道模式

用户的整个IP数据包被用来计算AH或ESP头，AH或ESP头以及ESP加密的用户数据被封装在一个新的IP数据包中。通常，隧道模式应用在两个安全网关之间的通信，此时加密点不等于通信点。

隧道模式下的数据封装模式如图2.2和图2.3所示。

模式 协议	传输	隧道
AH	IP AH IP Data	IP AH Data
ESP	IP ESP IP Data ESP-T	IP ESP Data ESP-T
AH-ESP	IP AH ESP IP Data ESP-T	IP AH ESP Data ESP-T

图2.1　数据封装形式

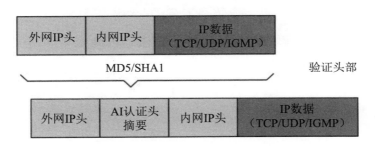

图2.2　隧道模式封装示意图（AH验证）

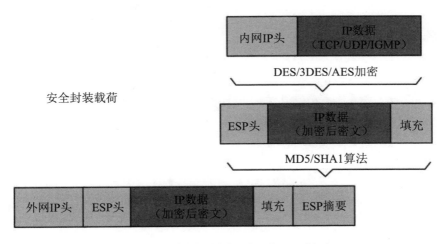

图2.3　隧道模式封装示意图（ESP验证）

（2）传输模式

只是传输层数据被用来计算 AH 或 ESP 头，AH 或 ESP 头以及
ESP 加密的用户数据被放置在原 IP 包头后面。通常，传输模式应用
在两台主机之间的通信，或一台主机和一个安全网关之间的通信，此

时加密点等于通信点。

传输模式下的数据封装模式如图 2.4 和图 2.5 所示。

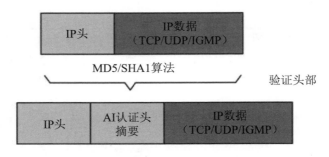

图 2.4　传输模式封装示意图(AH 验证)

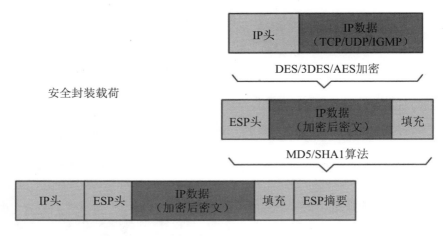

图 2.5　传输模式封装示意图(ESP 验证)

IPSec 提供了两种安全机制:认证和加密。认证机制使 IP 通信的数据接收方能够确认数据发送方的真实身份以及数据在传输过程中是否遭篡改。加密机制通过对数据进行加密运算来保证数据的机密性,以防数据在传输过程中被窃听。IPSec 协议中的 AH 协议定义了认证的应用方法,提供数据源认证和完整性保证;ESP 协议定义了加密和可选认证的应用方法,提供数据可靠性保证。

2.2.2.2　AH 服务

AH(Authentication Header,认证头)用于为 IP 提供无连接的数

据完整性、数据源认证和一些有限的(可选的)抗重放服务,但不提供任何加密服务,故而不需要任何加密算法,但需要一个认证器,用于进行后续的认证操作。AH的工作原理是在每一个数据包上添加一个身份验证报文头,此报文头插在标准IP包头后面,对数据提供完整性保护。AH定义了保护方法、头的位置、认证范围以及输入输出的处理机制,且没有定义要用的具体认证算法,可选择的认证算法有MD5(Message Digest)、SHA-1(Secure Hash Algorithm)等。

AH作为一种IP协议,其在IPv4数据报中的协议字段值为51,表明IP头之后是AH头。AH的头格式如图2.6所示。

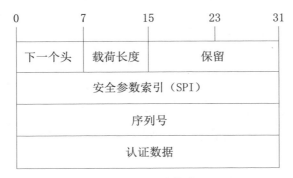

图2.6　AH头格式

下一个头字段:8 bit长度,表示AH头之后的下一个载荷的类型。在传输模式下,是受保护的上层协议的值,如UDP或TCP。而在隧道模式下,是受保护的IP协议的值。

SPI字段:SPI(任意制定的32 bit整数值)、源地址或者外部IP头的目的地址和安全协议(AH或ESP)三者共同构成的一个三元组,来唯一标识这个包的安全关联SA。

序列号:序列号包含一个单向递增的计数器,是一个32 bit的唯一的无符号整数值。当建立SA时,发送方和接收方的序列号初始化为0。通信双方每使用一个特定的SA发出一个数据报,就将它们相应的序列号加1。而序列号的主要作用就是用来防止重放数据报。AH规范强制发送方发送序列号给接收方,而接收方有权选择是否使用抗重放特性,这时接收方可以不管数据流中的数据报序列号。如果接收方启动了抗重放功能,它便使用滑动接收窗口机制检测重放包。

认证数据字段:包含完整性校验值(ICV),采用的转码方案则决定了 ICV 的长度,而 SA 指定生成 ICV 的算法。计算 ICV 的算法因 IPSec 实施的不同而不同,然而为了保证互操作性,AH 有两个默认强制执行的认证器:HMAC-SHA-96 和 HMAC-MD5-96。

2.2.2.3 ESP 协议

ESP(Encapsulating Security Protocol,封装安全载荷)是 IPSec 体系结构中的一种主要协议,保证为通信中的数据提供机密性和完整性。ESP 的工作原理是在每一个数据包的标准 IP 包头后面添加一个 ESP 报文头,并在数据包后面追加一个 ESP 尾。与 AH 协议不同的是,ESP 将需要保护的用户数据进行加密后再封装到 IP 包中,以保证数据的机密性。常见的加密算法有 DES、3DES、AES 等。同时,作为可选项,用户可以选择 MD5、SHA-1 算法保证报文的完整性和真实性。同 AH 一样,ESP 是否启用抗重放服务也是由接收方来决定的。

ESP 头可以放置在 IP 头之后、上层协议头之前(传送层),或者在被封装的 IP 头之前(隧道模式)。IANA 分配给 ESP 一个协议数值 50,在 ESP 头前的协议头总是在"nexthead"字段(IPv6)或"协议"(IPv4)字段里包含该值 50。ESP 包含一个非加密协议头,后面是加密数据。该加密数据既包括了受保护的 ESP 头字段也包括了受保护的用户数据,这个用户数据可以是整个 IP 数据报,也可以是 IP 的上层协议帧(如:TCP 或 UDP)。

ESP 头格式如图 2.7 所示。

这里需要注意的是 SPI 和序列号均没有被加密。

对于 ESP 来说,密文是得到认证的,认证的明文则是未加密的。其间的含义在于对于外出包来说,先进行加密;对于进入的包来说,认证是首先进行的。

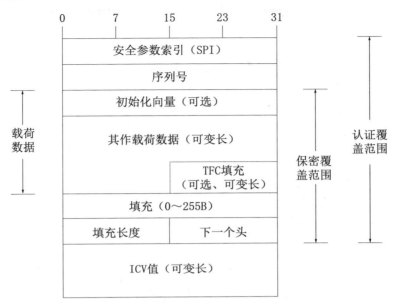

图 2.7　ESP 头格式

（1）处理外出数据包

当某 IPSec 实现接收一个外出的数据包时，它使用相应的选择符（目的 IP 地址端口、传输协议等）查找 SPD 并且确认哪些策略适用于数据流。如果需要 IPSec 处理并且 SA 已经建立，则与数据包选择符相匹配的 SPD 项将指向 SADB 中的相应 SA。如果 SA 未建立，IPSec 实现将使用 IKE 协议协商一个 SA 并将其连接到 SPD 选项，接下来 SA 将用于进行以下处理：① 生成序列号；② 加密数据包；③ 计算 ICV；④ 分段。

（2）处理进入数据包

当接收方收到 ESP 包后的第一件事就是检查处理这个包的 SA，如果查找失败，则丢弃此包，并重新审核该事件。而一旦确认了一个有效的 SA，就可以用它对包进行相应处理，处理步骤如下：

① 用查到的 SA 对 ESP 包进行处理。首先检验已确定 IP 头中的选择符是否和 SA 中的匹配，如果不匹配则抛弃该数据包并审核事件；如果匹配，IPSec 应用跟踪 SA 以及它相对于其他 SA 的应用顺序并重复查找 SA 和步骤①，直到遇到一个传输层协议或者一个非

IPSec扩展头。

② 使用包中的选择符进入SPDB中查找一条和包选择符相匹配的策略。

③ 检查所找到的SA是否和步骤②找到的策略相匹配;如果匹配失败,则重复步骤③和④,直到所有的策略匹配完成或者匹配成功。

④ 如果启用了抗重放服务,使用抗重放窗口来确定某个包是否是重放包。如果是重放包,抛弃该数据包并审核事件。

⑤ 如果SA指定需要认证服务,应用SA指定的认证算法和密钥生成数据包的ICV,将其和ESP认证数据域中的值相比较,如果二者不同,则抛弃该数据包并审核事件。

⑥ 如果SA指定需要加密服务,应用SA指定的加密算法和密钥解密数据包。一般加密处理对CPU和内存的占用很大,如果允许IPSec系统进行不必要的数据包加密/解密,系统很容易受到拒绝服务攻击,所以需要加密/解密时,只有成功认证数据包后才进行加密和解密。

2.2.2.4 DH算法

DH(Diffie-Hellman Key Exchange,迪菲-赫尔曼密钥交换)是一种安全协议。它可以让双方在完全没有对方任何预先信息的条件下通过不安全信道建立起一个密钥。这个密钥可以在后续的通信中作为对称密钥来加密通信内容。DH算法通过交换公开值和随机值来进行密钥计算,计算原理简单示例如下:

① 通信方A和通信方B约定一个初始值g,如g=5;一个质数p,如p=23。g和p是公开的。

③ A生成一个随机数a,a是保密的,如a=6。

④ A计算ga mod p发送给B,即g a mod p=56 mod 23=8。

⑤ B生成一个随机数b,b是保密的,如b=15。

⑥ B计算g b mod p发送给A,g b mod p=515 mod 23=19。

⑦ A 接收到 g b mod p 后,再使用保密的a,计算(gb mod p)a

mod p＝196 mod 23＝2。

　　⑧ B 接收到 g a mod p 后，再使用保密的 b，计算(ga mod p)b mod p＝815 mod 23＝2。

　　⑨ 这样通信方 A 和 B 得到一个相同的密钥：2。

　　注：上述 DH 算法过程仅是示例，方便理解算法的执行和算法中公开值和随机值的交互情况。实际设备中的算法要复杂得多。mod 运算即模运算，也被称为取余数运算，例如 10 mod 3 的运算结果为 1，即 10＝3×3＋1，整除后的余数即为模。第三方即使获得了初始值 g，也无法进行反向运算获得密钥，这由 DH 算法的基本原理保证。

2.2.2.5　IKE

　　IKE 可以使 IPSec 很多参数（如密钥）都可以自动建立，降低了手工配置的复杂度。IKE 协议中的 DH 交换过程，每次的计算和产生的结果都是不相关的。每次 SA 的建立都运行 DH 交换过程，保证了每个 SA 所使用的密钥互不相关。

　　IPSec 使用 AH 或 ESP 报文头中的序列号实现防重放。此序列号是一个 32 比特的值，此数溢出后，为实现防重放，SA 需要重新建立，这个过程需要 IKE 协议的配合。对安全通信的各方身份的认证和管理，将影响到 IPSec 的部署。IPSec 的大规模使用，必须有 CA 或其他集中管理身份数据的机构参与。IKE 提供端与端之间动态认证。

2.2.3　IPSec 中的密码算法

　　IPSec 采用密码算法确保数据的机密性和完整性，并利用非对称密钥安全协商的特点。它使用了对称加密算法、公钥算法、摘要算法和 DH 密钥交换算法。在国际标准中，对称算法有 AES 和 3DES，摘要算法有 MD5 和 SHA，非对称算法有 RSA 和 ECC。IPSec 中的国密算法可用于加密和解密 IP 数据包，以保护数据的机密性、完整性和可用性。国内标准中使用的国密算法包括 SM1、SM2、SM3 和 SM4，可用于 IPSec 中的安全协议,如 IKEv2 和 ESP 协议。使用国密算法可提高 IPSec 的安全性和自主可控,以保护网络中的敏感数据和通信。

1. 认证算法

认证算法的实现主要是通过杂凑函数。杂凑函数是一种能够接受任意长的消息输入,并产生固定长度输出的算法,该输出称为消息摘要。IPSec 对等体计算摘要,如果两个摘要是相同的,则表示报文是完整未经篡改的,本书设计使用的认证算法如表 2.2 所示。

表 2.2　认证算法说明

名称	说明
MD5	通过输入任意长度的消息,产生 128 bit 的消息摘要
SHA-1	通过输入长度小于 2^{64} bit 的消息,产生 160 bit 的消息摘要
SM3	国密算法,通过输入长度小于 2^{64} bit 的消息,产生 256 bit 的消息摘要

2. 加密算法

加密算法实现主要通过对称密钥系统,它使用相同的密钥对数据进行加密和解密。本书规划使用的四种加密算法如表 2.3 所示。

表 2.3　加密算法说明

名称	说明
DES	使用 56 bit 的密钥对一个 64 bit 的明文块进行加密
3DES	使用三个 56 bit 的 DES 密钥(共 168 bit 密钥)对明文进行加密
AES	使用 128 bit、192 bit 或 256 bit 密钥长度的 AES 算法对明文进行加密
SM1/SM4	国密算法,使用 128 bit 密钥长度的算法对明文进行加密

第3章　安徽省国资委国资国企在线监管系统的需求分析与概要设计

为了满足国资监管数字化、动态化、智能化及企业信息化的配套需求,安徽省人民政府国有资产监督管理委员会(以下简称安徽省国资委)以安徽省国资监管平台建设为重点,旨在全面建成覆盖省、市国资委和所监管国有企业的全省国资国企在线监管平台。为此,采取了统筹规划、试点先行、整体推进的方式,加快推动市国资委和省属国有企业国资监管信息化平台建设,积极探索创新监管模式,有效提升国资国企监管效能。为了更好地满足业务需求,同时保证数据传输的安全性,采用了OSPF动态路由协议,以确保安徽省国资委与省属企业、市国资委分支之间的数据通信更加稳定。在网络接入形式的多样化情况下,采用VPN对专线备份,以满足业务延展性的需要,并在开放的Internet网络上建立私有数据传输通道,将远程的分支连接起来。根据实际需求和相关技术的优劣,选择最适合的技术方案。

3.1　网络安全需求分析

如图3.1和图3.2所示,安徽省国资委现已与省属企业通过运营商专线建立基础网络通信,尚未与16市国资委通过运营商专线建立网络连接,整体专线网络边界亦缺乏安全访问控制和数据传输加解密能力,整体架构设计过于老旧。

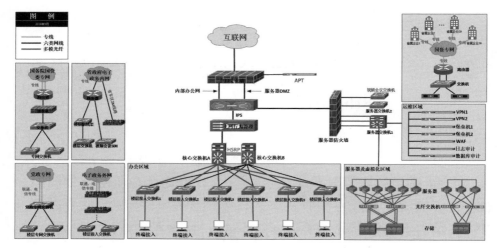

图3.1　安徽省国资委网络拓扑图

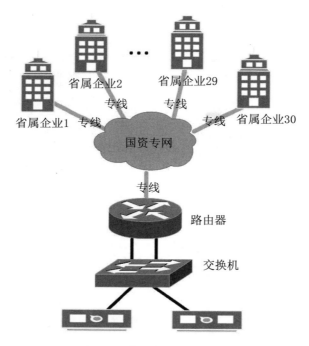

图3.2　专线接入示意图

根据前述现状和实际网络拓扑结构,安徽省国资委专线边界网络存在以下问题:

(1) 边界网络区域划分不清晰;

（2）部分关键设备未采取冗余措施，导致故障影响业务使用；

（3）国资专线网络未加密网络链路，数据传输缺乏安全保障，且省国资委与各市国资委之间缺乏专线网络连接；

（4）专线边界处于省国资委网络缺乏访问控制措施等。

为了解决这些问题，需要对专线网络架构进行规划改造，并采用数据加密等手段增强数据交换和传输的安全性。在单位网络中，专线连接常被使用，但若专线边界缺乏访问控制，则会存在安全隐患。因此，为确保单位网络的安全性，需要对专线边界进行细粒度的访问控制。缺乏访问控制可能导致未经授权的用户或设备访问单位网络，从而引发数据泄露或信息安全事故等问题。此外，专线边界缺乏访问控制还会增加网络管理的复杂度，进而影响网络的性能和稳定性。

3.2　IPSec VPN需求分析

随着安徽省国资委国资国企在线监管平台的逐步推进，国资专网已经在省国资委和省属企业、市国资委建立，与省国资委数据中心之间的数据交互密不可分。为此，需要一种专门的链路实现总部与各分支机构之间的互联。然而，在实际应用中，由于穿越整个互联网铺设专用链路代价太高，不切实际。因此，必须采用VPN技术来满足单位的业务需求。

但是，前文中已经描述过，VPN技术有很多种，如何在诸多种VPN技术中选择出适合本单位所需的VPN技术这要根据单位网络实际设计和需求来决定。

由于安徽省国资委在与省属企业、市国资委之间采用三层路由协议，显然就应该使用三层VPN技术，从而淘汰前文所述的二层VPN技术，如PPTP VPN、L2F VPN和L2TP VPN等，同时也可以淘汰掉SSL VPN技术，因为SSL是高于IP层的第四层协议。另外，MPLS

VPN在此也不适合单位的VPN设计,因为MPLS是独立于二层和三层的协议,其适合更大的机构网络运用,因为大型网络要结合IGP和BGP,而MPLS就是由于此种需求应运而生的,因此在本案例设计中,也不应该用此技术。同时,综合上述淘汰的诸多VPN技术,而产生的相互嵌套结合的VPN技术也随之被弃选。

基于以上分析,适用于三层VPN技术的有GRE VPN技术和IPSec VPN技术。但是如何在这两种技术之间做出决策呢?根据前面章节的介绍,IPSec VPN技术具有完善的加密认证技术,支持静态路由,配置简便且资源消耗小。虽然研究机构开发了IPSec协议来支持动态路由协议,但由于许多网络设备的软件版本不支持该技术,因此该技术无法满足安徽省国资委的实际需求。考虑到稳定性,需要选择传统的静态路由技术来结合IPSec协议,这种技术更为常用、稳定且易用。

IPSec协议的优点是提供数据加密、完整性、源认证和防重放功能。缺点是只支持单播和IP数据流。适用于需要高安全性和简单拓扑配置的IP网络环境。

因此,为了满足本案例的业务需求,同时考虑到稳定性、易维护性和互补性,我们可以选择同时支持静态路由协议和安全加密认证的IPSec VPN技术。最终,我们将以此技术为基础进行本系统的规划和设计。

3.3 国密算法需求分析

国家安全离不开网络安全。密码作为网络安全的核心技术和基础支撑,是保护国家安全的重要资源。自党的十八大以来,我国商用密码管理和应用已经逐步向体系化方向发展,法治化和规范化程度不断提高。深化商用密码管理改革,强化商用密码自主创新,推进商用密码合规、正确、有效应用,是新时期商用密码发展的主要任务。网络空间是密码的主战场,最有效的手段是使用密码来保护存储和传输的数据不被非法获取、篡改或假冒。随着技术的发展,网络空间的对抗已经逐步升级为网络战,世界各主要国家都将网络安全纳入国家战略。密码的战略地位也逐渐提升。立法、规范对密码的使用,加深全社会对密码的认识,在国计民生各个领域推广密码应用,是当前必须要面对的重要任务。

密码应用安全是整体安全,包括密码算法安全、密码协议安全、密码设备安全,还要立足系统安全、体系安全和动态安全。商用密码能够满足实体身份鉴别、信息来源鉴别、信息存储与安全传输等多方面的应用需求。合规、正确、有效地使用商用密码,充分发挥商用密码在保障网络空间安全中的核心技术和基础支撑作用,关乎国家大局、关乎网络空间安全、关乎用户个人隐私。因此,在推广商用密码的同时,必须做好其应用安全性评估,确保商用密码的合规、正确、有效。

在推进单位信息化领域国产密码应用方面,党中央已经作出了重大战略部署,以维护国家网络空间安全。采用我国自主可控的密码技术是解决网络与信息安全最有效、最可靠、最经济的方式,也是维护网络与信息安全的核心技术和基础支撑。为了保障国家信息安全,国家安全和法律法规要求密码产品符合国家密码标准,各类重要行业必须采用符合国家密码标准的密码技术。在国际环境下,提高密码技术的安全性也是趋势,我国需要推出更为安全的密码技术以满足国际市场需求。同时,信息安全自主可控一直是我国强调的重点,对于外来的密码技术需要进行审查,关键领域必须采用自主研发的密码技术以保障国家信息安全。

虽然商用密码发展取得了显著成效,但是密码安全形势依然严峻,商用密码应用现状不容乐观,主要存在以下问题:

1. 密码应用不广泛

目前,我国网络的整体安全防护能力还不够强,大量数据没有使用密码技术保护而处于"裸奔"状态,有些数据即使采取了密码技术保护措施也是基于国外的密码技术,存在巨大的安全隐患。有关部门对所辖信息系统进行检查,结果表明商用密码应用比重较低,系统安全防护十分薄弱。

2. 密码应用不规范

1999年《商用密码管理条例》提出,任何单位或个人只能使用经国家密码管理机构认可的商用密码产品,不得使用自行研制的或者境外生产的密码产品。虽然中央、地方、行业相继出台了一些规定和配套的制度、要求,但在一些地区和部门并未得到有效实施。一些单位重信息化建设、轻信息安全保护,信息系统密码使用不规范、不正确,在密钥管理、密码系统运行维护等方面存在风险。

3. 密码应用不安全

现有大量系统依旧在使用MD5、SHA-1、RSA-512、RSA-1024、DES等已被警示有风险的密码算法,以及基于这些密码算法提供的不安全密码服务。此外,应用系统未按规范要求使用密码服务、密码应用接口错误调用、密码使用存在不安全等情况给信息系统带来了严重的安全隐患。

商用密码应用存在诸多安全问题和隐患,必须加强商用密码的规范管理,确保商用密码管理有法可依、有章可循。促进商用密码广泛应用,强化应用推进力度,不断促进密码技术、产品和服务创新,形成典型应用案例和标准规范,实现密码事业创新发展的生动局面。在确保商用密码多用、大范围用的同时,积极做好商用密码应用安全性评估工作,确保商用密码应用合规、正确、有效。

4. 商用密码应用安全评估合规

商用密码应用安全性评估是商用密码检测认证体系建设的重要组成部分,是衡量商用密码应用是否合规、正确、有效的重要抓手。开展密评,是维护网络空间安全,规范商用密码应用的客观要求,是深化商用密码"放管服"改革、加强事中事后监管的重要手段,也是重要领域网络与信息系统运营者和主管部门必须承担的法定责任。

我国网络安全形势极其严峻,安全隐患和问题异常突出,商用密码不使用、不真用、不实用、不规范等现象普遍存在。建立密评体系,就是为了解决商用密码应用中存在的突出问题,为重要网络和信息系统的安全提供科学评价方法,以评促建、以评促改、以评促用,逐步规范商用密码的使用和管理,从根本上改变商用密码应用不广泛、不规范、不安全的现状,确保商用密码在网络和信息系统中的有效使用,切实构建起坚实可靠的网络空间安全密码屏障。

商用密码应用安全是整体的、系统的、动态的。构建成体系的、安全有效的密码保障系统,对关系国家安全、经济发展、社会稳定的重要网络和信息系统有效抵御网络攻击具有关键作用和重要意义。密码使用是否合规、正确、有效,涉及密码算法、协议、产品、技术体系、密钥管理、密码应用等多个方面。有必要委托专业机构、专业人员,采用专业工具和专业手段,对系统整体的商用密码应用安全进行专项测试和综合评估,形成科学准确的评估结果,以便及时掌握商用密码安全现状采取必要的技术和管理措施。

《中华人民共和国网络安全法》指出,网络运营者应当履行网络安全保护义务,并明确在网络安全等级保护制度的基础上,对关键信息基础设施实行重点保护。《网络安全等级保护条例(征求意见稿)》和《关键信息基础设施安全保护条例》强化密码应用要求,突出密码应用监管,重点面向相关信息基础设施和网络安全等级保护三级以上系统,落实密码应用安全性评估和国家安全审查制度。《中华人民共和国密码法》规定,关键信息基础设施要同步规划、同步建设、同步运行密码保障系统,定期开展密码应用安全性评估和审查。因此,针对等级保护三级及以上信息系统、关键信息基础设施开展密评是网络运营者和主管部门的法定责任。

本节研究的国密算法的需求分析需要考虑以下几个方面:

1. 安全性

国密算法的主要目的是保障信息安全,因此安全性是其最基本的需求。需求分析需要考虑攻击者可能采取的攻击手段和可能存在的安全漏洞,以确保算法能够在各种情况下保障信息的机密性、完整性和可用性。

2. 效率

国密算法的效率是其可用性和实用性的关键因素之一。需求分析需要考虑算法的运行速度、内存占用等因素,以确保算法能够在实际应用中快速、稳定地运行。

3. 兼容性

国密算法需要与现有的信息系统和网络环境兼容。需求分析需要考虑算法的适用范围和可扩展性,以确保算法能够在各种环境下灵活应用。

4. 可信度

国密算法需要具备可信度,以保障使用者对算法的信任和认可。需求分析需要考虑算法的可验证性和可审计性,以确保算法的透明度和可靠性。

5. 标准化

国密算法需要符合国家标准和国际标准,以确保算法的统一性和互操作性。需求分析需要考虑算法的标准化和规范化程度,以确保算法能够在不同系统和环境中互通。

6. 合规化

使用符合国家密码法规和标准规定的商用密码算法,使用经过国家密码管理局审批的密码产品或服务;按照《信息系统密码应用基本要求》等标准,进行相应的密码应用设计。

3.4 总体规划与概要设计

3.4.1 总体规划设计

总体规划设计如图3.3所示,目标是在现有安徽省属企业基础专线网络基础上建设省国资委国资专网,国资专网拟计划打造成安徽省国资委与省属企业、市国资委互联互通的专线网络。此专网用于视频会议的传输,同时也用于重要业务系统数据的上报。

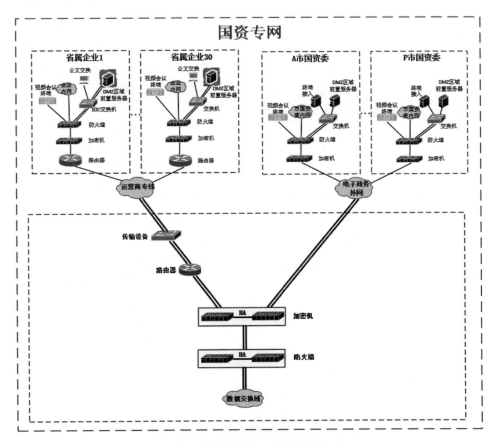

图3.3 安徽省国资专网总体设计图

3.4.2　概要设计

目前安徽省国资委到省属企业的专线网络已经建成,但是省国资委到市国资委暂无专线网络,需要新建。由于安徽省国资委与各市国资委均有电子政务外网,省国资委到市国资委的专网可利用现有的电子政务外网建设。安徽省属企业区域除用于视频会议外,还用于上报数据的传输,因此要保证数据传输的安全性。

如图3.4所示,在安徽省国资委端、省属企业端各部署1台路由器,通过运行动态路由协议(OSPF)保证基础网络的连通性。由于整个专网用于传输视频会议、数据上报、企业内网接入、DMZ前置服务器接入等业务流量,在各个省属企业端规划4个地址段,分别用于视频会议、数据上报、企业内网接入、DMZ前置服务器接入。为保证数据传输的安全性,在安徽省国资委端和省属企业端各部署1台加密机(VPN网关),对网络链路进行加密,用于数据的安全传输。同时在每个节点部署1台网络防火墙,用于对接入专网设备及网络访问的控制。省国资委、省属企业端均需要配置路由器、交换机、防火墙、加密机各1台。同时省国资委、省属企业与市国资委端各配置1台24口千兆交换机,用于终端设备、网络设备、安全设备的连接互通。

安徽省国资委到各市国资委基于电子政务外网建设专网,采用VPN的方式进行网络部署,如图3.5所示。

考虑到实际承载的业务及平台系统的安全、易用性等问题,VPN组网方案必须满足:

1. 稳定性

各地市与安徽省国资委每天都有数据需要进行传输,如果网络发生中断将会造成较为严重的损失,因此网络建设时应该充分考虑其稳定性。稳定性要求有完善的机制能保障网络时时畅通,要求遭遇特殊情况导致设备、线路、VPN隧道瞬时不可用时,能在短时间内进行VPN连接的恢复,避免导致大规模的业务中断。

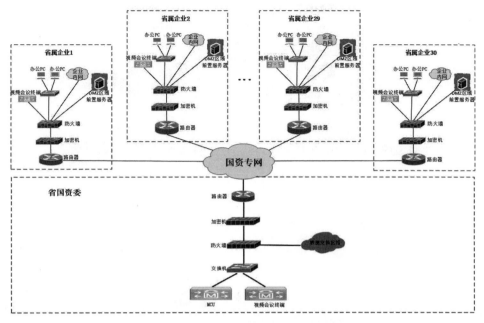

图3.4　安徽省属企业侧规划图

2. 快速性

由于本次方案 IPSec VPN 是构建在政务外网之上的,政务外网的网络链路直接影响了速度问题,而 VPN 成为办公、业务系统的载体时,解决政务外网丢包延时严重、应用协议局限性及数据高冗余度的问题更成为 VPN 组网过程中的关键。

3. 易管理性

对于大量分支接入省国资委的 VPN 网络,整个 VPN 网络数多台VPN 设备的上线、配置、监控、日常管理等如果缺乏方便简单的管理工具,完全依赖信息人员手工配置管理,不仅影响信息部的工作效率,而且当大量设备上线、异常故障排查、设备集中升级时,将消耗信息人员的大量工作精力。由于平台组网涉及大量的分支,也将有大量的VPN 设备需要管控,如何在 VPN 网络搭建好之后,对分支进行有效的管理及监控,是需要考虑的问题。

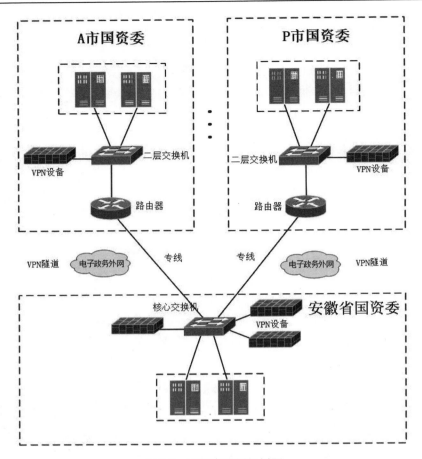

图3.5　市国资委侧规划图

2018年10月国家密码局发布《信息系统密码应用基本要求》（GM/T 0054—2018），主要针对等级保护系统的国产密码算法应用要求做了针对性说明，目标对象很明确，即已经通过等保测评和建设中的等保系统。

3.4.3　概要设计-部署设计

具体部署设计如下：

1. 部署VPN网关（双机主备模式）

安徽省国资委VPN网关使用政务外网地址与政务外网市国资委

VPN设备建立多条VPN隧道,互为备份,更稳定可靠;省国资委VPN能够与市国资委VPN网关对接构建VPN隧道,并通过多项协议优化技术有效应对时延抖动、突发包等对网络业务的影响,提升网络业务质量;省国资委VPN网关与市国资委VPN对接构建快速VPN隧道,能够有效改善丢包等对VPN网速的影响、提升业务数据传输速度。

2. 划分安全区域

每个网络区域的访问授权、访问内容、安全水平各不相同,为了更好地实现访问控制,一个常用的方法就是根据网络不同部分的重要性划分为不同的安全区域,并着重对其中重要的安全区域进行隔离和保护。

本节通过防火墙的访问控制功能将网络配置成安全区域。各区域成为相对独立的计算环境,这种隔离的好处就是减少了安全区域之间的干扰,避免因个别方位出现安全问题后,会迅速地蔓延到全网。

3. 访问控制策略

防火墙从逻辑隔离了内部和外部的联系,通过事先定义好的安全策略,实现针对源地址、目的地址、网络协议、服务、时间、带宽等的访问控制,确保不同安全区域之间的授权、有序访问。

4. 日志和审计策略

通过防火墙和VPN网关自带的日志审计功能实现针对重要关键资源的使用情况进行有效的监控,实现日志的分级管理、自动报表、自动报警功能,并且产生的日志能够以多种方式导出,有利于安全事情发生后的日志查看和取证统一的管理。

5. IPSec VPN 加密算法策略

VPN网关的IPSec VPN模块在利用隧道进行信息加密传输时,需要指定加密算法,同时IPSec VPN支持多种其他加密算法,包括软加密算法和硬加密算法,并实现了加密算法的动态加载。硬加密算法由专门的加密硬件实现,具有加密速度快等特点。

本节方案设计采用硬加密硬件算法,加密算法采用国产加密算法

SM1。SM1分组密码算法是分组对称加解密算法,分组长度为128位,密钥长度都为128比特,算法安全保密强度及相关软硬件实现性能与AES相当,算法不公开,仅以IP核的形式存在于芯片中。采用该算法已经研制了系列芯片、智能IC卡、智能密码钥匙、加密卡、加密机等安全产品,广泛应用于电子政务、电子商务及国民经济的各个应用领域(包括国家政务通、警务通等重要领域)。

哈希算法设计采用国产加密算法SM3。SM3是中华人民共和国政府采用的一种密码散列函数标准,由国家密码管理局于2010年12月17日发布。相关标准为"《SM3密码杂凑算法》(GM/T 0004—2012)"。在商用密码体系中,SM3主要用于数字签名及验证、消息认证码生成及验证、随机数生成等,其算法公开。据国家密码管理局表示,其安全性及效率与SHA-256相当。

6. 流量控制策略

配置细粒度的流量控制策略,来保障关键业务和应用的加解密性能。配置根据IP、协议、网络接口、时间定义带宽分配策略。

综上所述,安徽省国资委端需新增VPN网关2台,可与2台加密机共用,16市国资委与直管县各新增VPN网关1台和24口千兆交换机1台。

3.4.4 概要设计:省属企业

3.4.4.1 省属企业组网技术选择

安徽省属企业区域网络是通过专线网络来组建的,整个网络组建通过OSPF动态路由协议来实现。由于省属企业分支节点较多,为避免某一个分支节点的接口状态不稳定,在整个OSPF区域内产生大量的LSA洪泛流量,给网络及路由器设备本身造成资源的消耗,因此整个网络规划设计为1个OSPF区域0和多个非区域0。具体是将省国资委端路由器所有接口划为OSPF的区域0,省属企业路由器与省国资委端相连的接口划为OSPF区域0,省属企业路由器与省属企业加密机相连的接口划为非区域0。具体示意图3.6所示。

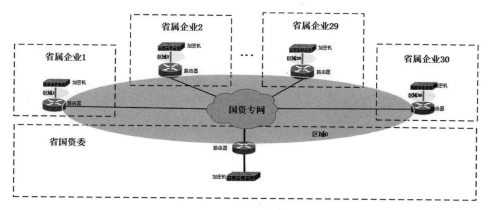

图3.6　市国资委侧规划图

如图3.6所示,通过路由器运行OSPF动态路由企业后,加密机上行链路配置规划好的IP地址后,省国资委端加密机和各省属企业加密机便可以网络互通。然后每个省属企业加密机与省国资委端加密机建立4条IPSec VPN安全隧道,分别用于视频会议、数据上报、企业内网连接、DMZ前置服务器数据的传输。

在设备的安全管理配置上,由于设备数量较多,可以在数据交互区域创建1台虚拟服务器用于对所有设备的管理,在各个设备上限制只有管理服务器才能对设备进行管理。

3.4.4.2　省属企业国资专网接入设计

国资专网及安徽省属企业区域规划配置省国资委节点防火墙2台、省国资委节点加密机2台、省国资委节点路由器1台、省属企业节点路由器30台、省属企业节点加密机30台、省属企业节点防火墙30台、省属企业节点接入交换机30台。安徽省国资委节点交换机可使用现有交换机进行利旧使用。当前安徽省属企业共30个企业,每个企业配置路由器、加密机、防火墙、交换机各1台。

安徽省属企业区域组网图如3.7所示。

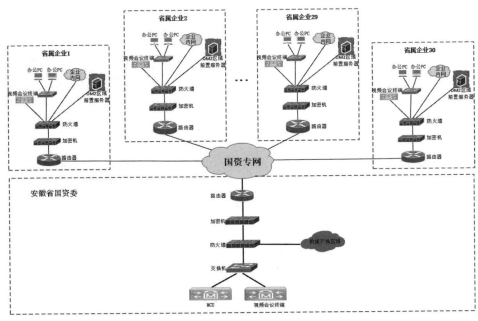

图3.7　安徽省属企业侧规划图

3.4.4.3　省属企业通过国资专网访问数据交互区业务

如图3.8所示,安徽省属各个企业通过加密机均与省国资委建立加密的安全通道,通过加密的安全通道进行数据传输。在各个省属企业可以使用防火墙对接入专网的终端进行限制,如利用IP＋MAC地址绑定等技术。在省国资委端可以使用防火墙对省属企业访问数据交换区的业务进行限制。结合加密通道、企业与地市端防火墙、省国资委端防火墙,可以做到传输链路的安全、访问用户的授权,提升数据传输与访问的安全性。

根据前面章节的网络规划拓扑,整体规划完成进行建设,省国资委到市国资委专网即国资专网市国资委区域建设。本章节的具体实施方案主要针对当前建设内容进行实施规划。

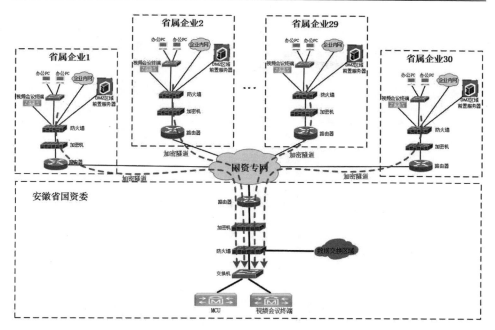

图3.8　安徽省属企业业务流向规划图

3.4.5　概要设计：市国资委

3.4.5.1　市国资委组网技术选择

市国资委专网侧，利用安徽省电子政务网络为网络载体，在各个市国资委部署加密机建立加密的安全通道，通过加密的安全通道进行数据传输，防火墙用于对接入专网设备及网络访问的控制和交换机用于终端设备、网络设备、安全设备的连接。在地市加密机分别与省国资委加密机建立1条VPN隧道的基础上通过防火墙进行细粒度级访问控制，用于视频会议流量、数据上报业务、市国资委内网接入、DMZ前置服务器等业务数据的安全传输。整体网络部署规划阶段一、阶段二分别如图3.9、图3.10所示。

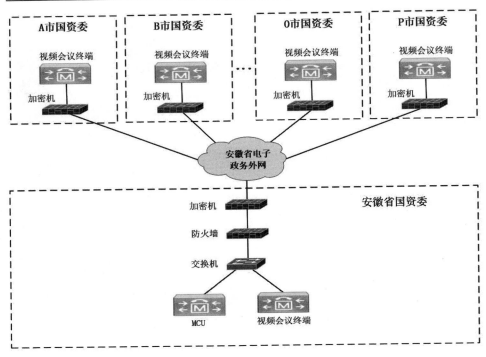

图3.9　市国资委阶段一规划图

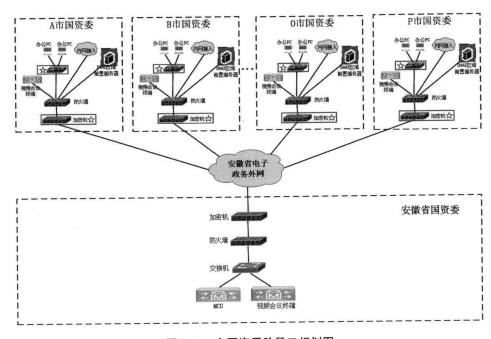

图3.10　市国资委阶段二规划图

3.4.5.2　市国资委专网接入设计（第一阶段）

市国资委专网视频会议,利用安徽省电子政务网络为网络载体,在各市国资委部署1台加密机,分别与省国资委加密机建立1条VPN隧道,用于视频会议流量的传输。整体网络规划如图3.11所示。

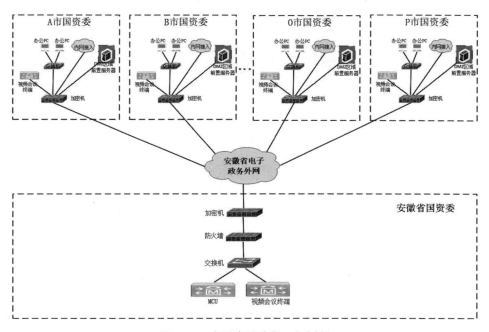

图3.11　市国资委阶段一规划图

项目一阶段建设,市国资委暂时只部署1台加密机,因此二阶段实施完成后的拓扑如图3.12所示。

如图3.12所示,国资委端加密机、防火墙、交换机的配置在前面章节已经规划好,这里不做重复描述。本章节主要针对市国资委端加密机的配置进行详细说明。

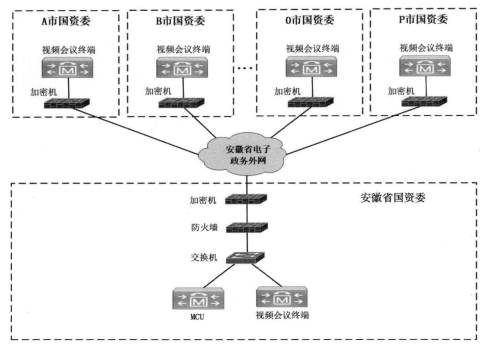

图3.12 市国资委阶段一规划图

3.4.5.3 市国资委专网接入设计(二阶段)

市国资委专网侧,利用安徽省电子政务网络为网络载体,在各个市国资委已经部署1台加密机的基础上,各个地市部署1台防火墙用于对接入专网设备及网络访问的控制和1台交换机用于终端设备、网络设备、安全设备的连接。在地市加密机分别与省国资委加密机建立1条VPN隧道的基础上通过防火墙进行细粒度级访问控制,用于视频会议流量、数据上报业务、市国资委内网接入、DMZ前置服务器等业务数据的安全传输。如图3.13所示。

本阶段在原有到市国资委的专网基础上,通过省电子政务外网连接。为保证数据传输的安全性,在省国资委和市国资委侧部署1台加密机基础上,分别部署1台网络防火墙、1台交换机,分别用于接入专网设备及网络访问的控制、终端设备接入,加强国资专网网络边界安全防护。

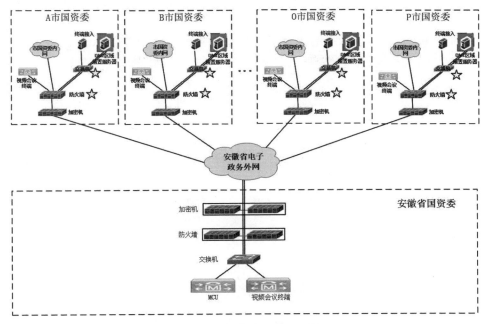

图3.13　市国资委阶段二规划图
☆标注为本次阶段设备

3.4.5.4　市国资委通过电子政务外网访问数据交互区业务

如图3.14所示,各个市国资委通过加密机均于省国资委建立加密的安全通道,通过加密的安全通道进行数据传输。在市国资委端可以使用防火墙对接入专网的终端进行限制,如利用IP+MAC地址绑定等技术。在安徽省国资委端可以使用防火墙对市国资委访问数据交换区的业务进行限制。结合加密通道、企业与市端防火墙、省国资委端防火墙,可以做到传输链路的安全、访问用户的授权,提升数据传输与访问的安全性。

3.4.6　概要设计:整体网络规划

为减少项目实施过程对现有环境的影响,路由器之间互联、视频会议与数据上报继续使用现有地址段。增加路由器与加密机之间互联、企业内网连接、DMZ区域前置服务器网络地址段。这样可以减少现有视频会议设备、数据上报客户端地址更改的工作量,提高项目实施过程中的实施效率。

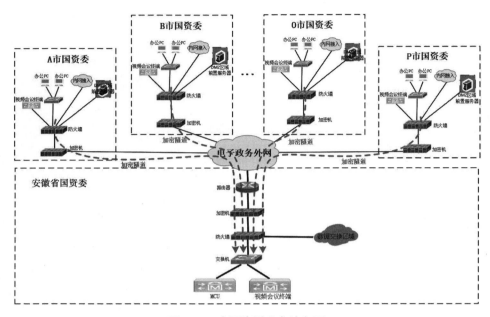

图3.14　市国资委业务流向图

安徽省国资委与省属企业路由器互联地址段使用1.1.2.0/24的A类地址段,将1.1.2.0/24划分为子网掩码为30的子网用于路由器之间互联地址。加密机与路由器链接的地址使用1.3.100.0/24－1.3.131.0/24地址段,另外每个路由启用1个loopback环回地址,用于路由器的管理地址及OSPF的router id。此地址段与路由器之间互联的地址段将通告在OSPF路由协议中。相关地址规划如下。

3.4.6.1　省属企业路由及加密机地址规划信息

加密机连接防火墙接口配置为二层接口,启用trunk,安徽省国资委端配置2个vlan,分别用于视频会议和数据交换区域接入,省属企业端加密机配置4个vlan,分别用于视频会议、数据上报、企业内网接入和DMZ区域前置服务器接入。加密机vlan和IP地址段规划如表3.1所示。

表 3.1 安徽省属企业路由及加密机地址规划信息表

序号	单位名称	安徽省国资委路由配置					安徽省属企业路由配置							加密机配置	
		互联接口	vlan号	互联地址	Area	ospf进程号	互联接口	互联地址	Area	管理地址(LOOPBACK0)	内网接口	接口地址	Area	网络接口	接口地址
0	省国资委	0口		/	0	ospf1	/	1.1.2.0/24	0	1.1.3.1/32	1口	1.2.100.1/24	0	1口	1.2.100.2-6/24
1	省属企业1	0.2	2	1.1.2.5/30	0	ospf1	0口	1.1.2.6/30	0	1.1.3.3/32	1口	1.2.102.1/24	2	1口	1.2.102.2/24
2	省属企业2	0.3	3	1.1.2.9/30	0	ospf1	0口	1.1.2.10/30	0	1.1.3.4/32	1口	1.2.103.1/24	3	1口	1.2.103.2/24
3	省属企业3	0.4	4	1.1.2.13/30	0	ospf1	0口	1.1.2.14/30	0	1.1.3.5/32	1口	1.2.104.1/24	4	1口	1.2.104.2/24
4	省属企业4	0.5	5	1.1.2.17/30	0	ospf1	0口	1.1.2.18/30	0	1.1.3.6/32	1口	1.2.105.1/24	5	1口	1.2.105.2/24
5	省属企业5	0.6	6	1.1.2.21/30	0	ospf1	0口	1.1.2.22/30	0	1.1.3.7/32	1口	1.2.106.1/24	6	1口	1.2.106.2/24
6	省属企业6	0.7	7	1.1.2.25/30	0	ospf1	0口	1.1.2.26/30	0	1.1.3.8/32	1口	1.2.107.1/24	7	1口	1.2.107.2/24
7	省属企业7	0.8	8	1.1.2.29/30	0	ospf1	0口	1.1.2.30/30	0	1.1.3.9/32	1口	1.2.108.1/24	8	1口	1.2.108.2/24
8	省属企业8	0.9	9	1.1.2.33/30	0	ospf1	0口	1.1.2.34/30	0	1.1.3.10/32	1口	1.2.109.1/24	9	1口	1.2.109.2/24
9	省属企业9	0.10	10	1.1.2.37/30	0	ospf1	0口	1.1.2.38/30	0	1.1.3.11/32	1口	1.2.110.1/24	10	1口	1.2.110.2/24
10	省属企业10	0.11	11	1.1.2.41/30	0	ospf1	0口	1.1.2.42/30	0	1.1.3.12/32	1口	1.2.111.1/24	11	1口	1.2.111.2/24
11	省属企业11	0.12	12	1.1.2.45/30	0	ospf1	0口	1.1.2.46/30	0	1.1.3.13/32	1口	1.2.112.1/24	12	1口	1.2.112.2/24
12	省属企业12	0.13	13	1.1.2.49/30	0	ospf1	0口	1.1.2.50/30	0	1.1.3.14/32	1口	1.2.113.1/24	13	1口	1.2.113.2/24
13	省属企业13	0.14	14	1.1.2.53/30	0	ospf1	0口	1.1.2.54/30	0	1.1.3.15/32	1口	1.2.114.1/24	14	1口	1.2.114.2/24
14	省属企业14	0.15	15	1.1.2.57/30	0	ospf1	0口	1.1.2.58/30	0	1.1.3.16/32	1口	1.2.115.1/24	15	1口	1.2.115.2/24
15	省属企业15	0.16	16	1.1.2.61/30	0	ospf1	0口	1.1.2.62/30	0	1.1.3.17/32	1口	1.2.116.1/24	16	1口	1.2.116.2/24
16	省属企业16	0.17	17	1.1.2.65/30	0	ospf1	0口	1.1.2.66/30	0	1.1.3.18/32	1口	1.2.117.1/24	17	1口	1.2.117.2/24

续表

序号	单位名称	安徽省国资委路由配置						安徽省属企业路由配置							加密机配置
		互联接口	vlan号	互联地址	ospf进程号	Area	互联接口	互联地址	Area	管理地址(LOOPBACK0)	内网接口	接口地址	Area	网络接口	接口地址
17	省属企业17	0.18	18	1.1.2.69/30	ospf1	0	0口	1.1.2.70/30	0	1.1.3.19/32	1口	1.2.118.1/24	18	1口	1.2.118.2/24
18	省属企业18	0.19	19	1.1.2.73/30	ospf1	0	0口	1.1.2.74/30	0	1.1.3.20/32	1口	1.2.119.1/24	19	1口	1.2.119.2/24
19	省属企业19	0.20	20	1.1.2.77/30	ospf1	0	0口	1.1.2.78/30	0	1.1.3.21/32	1口	1.2.120.1/24	20	1口	1.2.120.2/24
20	省属企业20	0.21	21	1.1.2.81/30	ospf1	0	0口	1.1.2.82/30	0	1.1.3.22/32	1口	1.2.121.1/24	21	1口	1.2.121.2/24
21	省属企业21	0.22	22	1.1.2.85/30	ospf1	0	0口	1.1.2.86/30	0	1.1.3.23/32	1口	1.2.122.1/24	22	1口	1.2.122.2/24
22	省属企业22	0.23	23	1.1.2.89/30	ospf1	0	0口	1.1.2.90/30	0	1.1.3.24/32	1口	1.2.123.1/24	23	1口	1.2.123.2/24
23	省属企业23	0.24	24	1.1.2.93/30	ospf1	0	0口	1.1.2.94/30	0	1.1.3.25/32	1口	1.2.124.1/24	24	1口	1.2.124.2/24
24	省属企业24	0.25	25	1.1.2.98/30	ospf1	0	0口	1.1.2.97/30	0	1.1.3.26/32	1口	1.2.125.1/24	24	1口	1.2.125.2/24
25	省属企业25	0.26	26	1.1.2.101/30	ospf1	0	0口	1.1.2.102/30	0	1.1.3.27/32	1口	1.2.126.1/24	26	1口	1.2.126.2/24
26	省属企业26	0.27	27	1.1.2.105/30	ospf1	0	0口	1.1.2.106/30	0	1.1.3.28/32	1口	1.2.127.1/24	27	1口	1.2.127.2/24
27	省属企业27	0.28	28	1.1.2.109/30	ospf1	0	0口	1.1.2.110/30	0	1.1.3.29/32	1口	1.2.128.1/24	28	1口	1.2.128.2/24
28	省属企业28	0.29	29	1.1.2.113/30	ospf1	0	0口	1.1.2.114/30	0	1.1.3.30/32	1口	1.2.129.1/24	29	1口	1.2.129.2/24
29	省属企业29	0.30	30	1.1.2.117/30	ospf1	0	0口	1.1.2.118/30	0	1.1.3.31/32	1口	1.2.130.1/24	30	1口	1.2.130.2/24
30	省属企业30	0.31	31	1.1.2.121/30	ospf1	0	0口	1.1.2.122/30	0	1.1.3.32/32	1口	1.2.131.1/24	31	1口	1.2.131.2/24

3.4.6.2　国资专网加密机互联地址及业务应用网络地址规划

加密机互联地址及业务应用网络地址规划如表3.2所示。

表3.2　加密机互联地址及业务应用网络地址规划

序号	单位名称	上行接口	互联地址	下行接口	接口类型	vlan号	IP地址段	视频会议终/数据上报/前置服务器	用途说明
0	省国资委	1口	1.2.100.2~6/24	2口	路由口	7	1.1.253/24	MCU地址:1.1.1.1~8/24 终端地址:1.1.1.9/24	视频会议
						50	1.3.50.253/24	1.3.1.0/24	数据上报业务
						52	1.3.52.253/24	1.3.2.0/24	省国资委管理企业设备地址段
				3口	路由口	/	3.1.1.211~214/28	网关:3.1.1.209	市国资委互联
				4口	路由口	/	4.1.1.251~254/28	网关:4.1.1.254	与防火墙业务互联
省属企业									
1	省属企业1	1口	1.2.102.2/24	2口	trunk	2	1.1.36.253/24	1.1.36.9/24	视频会议
						3	1.12.36.253/24	1.12.36.2/24	企业内网接入
						4	1.11.36.253/24	1.11.36.2/24	数据上报业务
						5	1.10.36.253/24	1.10.36.2/24	DMZ前置服务器
2	省属企业2	1口	1.2.103.2/24	2口	trunk	2	1.1.40.253/24	1.1.40.9/24	视频会议
						3	1.12.40.253/24	1.12.40.2/24	企业内网接入
						4	1.11.40.253/24	1.11.40.2/24	数据上报业务
						5	1.10.40.253/24	1.10.40.2/24	DMZ前置服务器
3	省属企业3	1口	1.2.104.2/24	2口	trunk	2	1.1.44.253/24	1.1.44.9/24	视频会议

续表

序号	单位名称	上行接口	互联地址	下行接口	接口类型	vlan号	IP地址段	视频会议终/数据上报/前置服务器	用途说明
						3	1.12.44.253/24	1.12.44.2/24	企业内网接入
						4	1.11.44.253/24	1.11.44.2/24	数据上报业务
						5	1.10.44.253/24	1.10.44.2/24	DMZ前置服务器
4	省属企业4	1口	1.2.105.2/24	2口	trunk	2	1.1.48.253/24	1.1.48.9/24	视频会议
						3	1.12.48.253/24	1.12.48.2/24	企业内网接入
						4	1.11.48.253/24	1.11.48.2/24	数据上报业务
						5	1.10.48.253/24	1.10.48.2/24	DMZ前置服务器
5	省属企业5	1口	1.2.106.2/24	2口	trunk	2	1.1.52.253/24	1.1.52.9/24	视频会议
						3	1.12.52.253/24	1.12.52.2/24	企业内网接入
						4	1.11.52.253/24	1.11.52.2/24	数据上报业务
						5	1.10.52.253/24	1.10.52.2/24	DMZ前置服务器
6	省属企业6	1口	1.2.107.2/24	2口	trunk	2	1.1.56.253/24	1.1.56.9/24	视频会议
						3	1.12.56.253/24	1.12.56.2/24	企业内网接入
						4	1.11.56.253/24	1.11.56.2/24	数据上报业务
						5	1.10.56.253/24	1.10.56.2/24	DMZ前置服务器
7	省属企业7	1口	1.2.108.2/24	2口	trunk	2	1.1.60.253/24	1.1.60.9/24	视频会议
						3	1.12.60.253/24	1.12.60.2/24	企业内网接入
						4	1.11.60.253/24	1.11.60.2/24	数据上报业务
						5	1.10.60.253/24	1.10.60.2/24	DMZ前置服务器
8	省属企业8	1口	1.2.109.2/24	2口	trunk	2	1.1.64.253/24	1.1.64.9/24	视频会议
						3	1.12.64.253/24	1.12.64.2/24	企业内网接入

续表

序号	单位名称	上行接口	互联地址	下行接口	接口类型	vlan号	IP地址段	视频会议终/数据上报/前置服务器	用途说明
						4	1.11.64.253/24	1.11.64.2/24	数据上报业务
						5	1.10.64.253/24	1.10.64.2/24	DMZ前置服务器
9	省属企业9	1口	1.2.110.2/24	2口	trunk	2	1.1.68.253/24	1.1.68.9/24	视频会议
						3	1.12.68.253/24	1.12.68.2/24	企业内网接入
						4	1.11.68.253/24	1.11.68.2/24	数据上报业务
						5	1.10.68.253/24	1.10.68.2/24	DMZ前置服务器
10	省属企业10	1口	1.2.111.2/24	2口	trunk	2	1.1.72.253/24	1.1.72.9/24	视频会议
						3	1.12.72.253/24	1.12.72.2/24	企业内网接入
						4	1.11.72.253/24	1.11.72.2/24	数据上报业务
						5	1.10.72.253/24	1.10.72.2/24	DMZ前置服务器
11	省属企业11	1口	1.2.112.2/24	2口	trunk	2	1.1.76.253/24	1.1.76.9/24	视频会议
						3	1.12.76.253/24	1.12.76.2/24	企业内网接入
						4	1.11.76.253/24	1.11.76.2/24	数据上报业务
						5	1.10.76.253/24	1.10.76.2/24	DMZ前置服务器
12	省属企业12	1口	1.2.113.2/24	2口	trunk	2	1.1.80.253/24	1.1.80.9/24	视频会议
						3	1.12.80.253/24	1.12.80.2/24	企业内网接入
						4	1.11.80.253/24	1.11.80.2/24	数据上报业务
						5	1.10.80.253/24	1.10.80.2/24	DMZ前置服务器
13	省属企业13	1口	1.2.114.2/24	2口	trunk	2	1.1.84.253/24	1.1.84.9/24	视频会议
						3	1.12.84.253/24	1.12.84.2/24	企业内网接入
						4	1.11.84.253/24	1.11.84.2/24	数据上报业务

续表

序号	单位名称	上行接口	互联地址	下行接口	接口类型	vlan号	IP地址段	视频会议终/数据上报前置服务器	用途说明
14	省属企业14	1口	1.2.115.2/24	2口	trunk	5	1.10.84.253/24	1.10.84.2/24	DMZ前置服务器
						2	1.1.88.253/24	1.1.88.9/24	视频会议
						3	1.12.88.253/24	1.12.88.2/24	企业内网接入
						4	1.11.88.253/24	1.11.88.2/24	数据上报业务
						5	1.10.88.253/24	1.10.88.2/24	DMZ前置服务器
15	省属企业15	1口	1.2.116.2/24	2口	trunk	2	1.1.92.253/24	1.1.92.9/24	视频会议
						3	1.12.92.253/24	1.12.92.2/24	企业内网接入
						4	1.11.92.253/24	1.11.92.2/24	数据上报业务
						5	1.10.92.253/24	1.10.92.2/24	DMZ前置服务器
16	省属企业16	1口	1.2.117.2/24	2口	trunk	2	1.1.96.253/24	1.1.96.9/24	视频会议
						3	1.12.96.253/24	1.12.96.2/24	企业内网接入
						4	1.11.96.253/24	1.11.96.2/24	数据上报业务
						5	1.10.96.253/24	1.10.96.2/24	DMZ前置服务器
17	省属企业17	1口	1.2.118.2/24	2口	trunk	2	1.1.100.253/24	1.1.100.9/24	视频会议
						3	1.12.100.253/24	1.12.100.2/24	企业内网接入
						4	1.11.100.253/24	1.11.100.2/24	数据上报业务
						5	1.10.100.253/24	1.10.100.2/24	DMZ前置服务器
18	省属企业18	1口	1.2.119.2/24	2口	trunk	2	1.1.104.253/24	1.1.104.9/24	视频会议
						3	1.12.104.253/24	1.12.104.2/24	企业内网接入
						4	1.11.104.253/24	1.11.104.2/24	数据上报业务

续表

序号	单位名称	上行接口	互联地址	下行接口	接口类型	vlan号	IP地址段	视频会议终端/数据上报前置服务器	用途说明
19	省属企业19	1口	1.2.120.2/24	2口	trunk	5	1.10.104.253/24	1.10.104.2/24	DMZ前置服务器
						2	1.1.108.253/24	1.1.108.9/24	视频会议
						3	1.12.108.253/24	1.12.108.2/24	企业内网接入
						4	1.11.108.253/24	1.11.108.2/24	数据上报业务
20	省属企业20	1口	1.2.121.2/24	2口	trunk	5	1.10.108.253/24	1.10.108.2/24	DMZ前置服务器
						2	1.1.112.253/24	1.1.112.9/24	视频会议
						3	1.12.112.253/24	1.12.112.2/24	企业内网接入
						4	1.11.112.253/24	1.11.112.2/24	数据上报业务
21	省属企业21	1口	1.2.122.2/24	2口	trunk	5	1.10.112.253/24	1.10.112.2/24	DMZ前置服务器
						2	1.1.116.253/24	1.1.116.9/24	视频会议
						3	1.12.116.253/24	1.12.116.2/24	企业内网接入
						4	1.11.116.253/24	1.11.116.2/24	数据上报业务
22	省属企业22	1口	1.2.123.2/24	2口	trunk	5	1.10.116.253/24	1.10.116.2/24	DMZ前置服务器
						2	1.1.120.253/24	1.1.120.9/24	视频会议
						3	1.12.120.253/24	1.12.120.2/24	企业内网接入
						4	1.11.120.253/24	1.11.120.2/24	数据上报业务
23	省属企业23	1口	1.2.124.2/24	2口	trunk	5	1.10.120.253/24	1.10.120.2/24	DMZ前置服务器
						2	1.1.124.253/24	1.1.124.9/24	视频会议
						3	1.12.124.253/24	1.12.124.2/24	企业内网接入
						4	1.11.124.253/24	1.11.124.2/24	数据上报业务

续表

序号	单位名称	上行接口	互联地址	下行接口	接口类型	vlan号	IP地址段	视频会议终端/数据上报/前置服务器	用途说明
24	省属企业24	1口	1.2.125.2/24	2口	trunk	5	1.10.124.253/24	1.10.124.2/24	DMZ前置服务器
						2	1.1.128.253/24	1.1.128.9/24	视频会议
						3	1.12.128.253/24	1.12.128.2/24	企业内网接入
						4	1.11.128.253/24	1.11.128.2/24	数据上报业务
25	省属企业25	1口	1.2.126.2/24	2口	trunk	5	1.10.128.253/24	1.10.128.2/24	DMZ前置服务器
						2	1.1.132.253/24	1.1.132.9/24	视频会议
						3	1.12.132.253/24	1.12.132.2/24	企业内网接入
						4	1.11.132.253/24	1.11.132.2/24	数据上报业务
26	省属企业26	1口	1.2.127.2/24	2口	trunk	5	1.10.132.253/24	1.10.132.2/24	DMZ前置服务器
						2	1.1.136.253/24	1.1.136.9/24	视频会议
						3	1.12.136.253/24	1.12.136.2/24	企业内网接入
						4	1.11.136.253/24	1.11.136.2/24	数据上报业务
27	省属企业27	1口	1.2.128.2/24	2口	trunk	5	1.10.136.253/24	1.10.136.2/24	DMZ前置服务器
						2	1.1.140.253/24	1.1.140.9/24	视频会议
						3	1.12.140.253/24	1.12.140.2/24	企业内网接入
						4	1.11.140.253/24	1.11.140.2/24	数据上报业务
28	省属企业28	1口	1.2.129.2/24	2口	trunk	5	1.10.140.253/24	1.10.140.2/24	DMZ前置服务器
						2	1.1.144.253/24	1.1.144.9/24	视频会议
						3	1.12.144.253/24	1.12.144.2/24	企业内网接入
						4	1.11.144.253/24	1.11.144.2/24	数据上报业务

续表

序号	单位名称	上行接口	互联地址	下行接口	接口类型	vlan号	IP地址段	视频会议终/数据上报/前置服务器	用途说明
						5	1.10.144.253/24	1.10.144.2/24	DMZ前置服务器
29	省属企业29	1口	1.2.130.2/24	2口	trunk	2	1.1.148.253/24	1.1.148.9/24	视频会议
						3	1.12.148.253/24	1.12.148.2/24	企业内网接入
						4	1.11.148.253/24	1.11.148.2/24	数据上报业务
						5	1.10.148.253/24	1.10.148.2/24	DMZ前置服务器
30	省属企业30	1口	1.2.131.2/24	2口	trunk	2	1.1.152.253/24	1.1.152.9/24	视频会议
						3	1.12.152.253/24	1.12.152.2/24	企业内网接入
						4	1.11.152.253/24	1.11.152.2/24	数据上报业务
						5	1.10.152.253/24	1.10.152.2/24	DMZ前置服务器
市国资委									
1	A市国资委	1口	地址:5.1.32.50 掩码:255.255.255.248 网关:5.1.32.49	2口	trunk	2	1.1.180.253/24	1.1.180.9/24	视频会议
						3	1.12.180.253/24	1.12.180.2/24	市国资委内网接入
						4	1.11.180.253/24	1.11.180.2/24	数据上报业务
						5	1.10.180.253/24	1.10.180.2/24	DMZ前置服务器
2	B市国资委	1口	地址:5.1.58.20 掩码:255.255.255.240 网关:5.1.58.17	2口	trunk	2	1.1.184.253/24	1.1.184.9/24	视频会议
						3	1.12.184.253/24	1.12.184.2/24	市国资委内网接入
						4	1.11.184.253/24	1.11.184.2/24	数据上报业务
						5	1.10.184.253/24	1.10.184.2/24	DMZ前置服务器
3	C市国资委	1口	地址:5.1.134.50 掩码:255.255.255.248 网关:5.1.134.49	2口	trunk	2	1.1.188.253/24	1.1.188.9/24	视频会议
						3	1.12.188.253/24	1.12.188.2/24	市国资委内网接入
						4	1.11.188.253/24	1.11.188.2/24	数据上报业务
						5	1.10.188.253/24	1.10.188.2/24	DMZ前置服务器

续表

序号	单位名称	上行接口	互联地址	下行接口	接口类型	vlan号	IP地址段	视频会议终/数据上报/前置服务器	用途说明
4	D市国资委	1口	地址:5.1.119.162 掩码:255.255.255.248 网关:5.1.119.161	2口	trunk	2	1.1.192.253/24	1.1.192.9/24	视频会议
						3	1.12.192.253/24	1.12.192.2/24	市国资委内网接入
						4	1.11.192.253/24	1.11.192.2/24	数据上报业务
						5	1.10.192.253/24	1.10.192.2/24	DMZ前置服务器
5	E市国资委	1口	地址:5.1.116.226 掩码:255.255.255.240 网关:5.1.116.225	2口	trunk	2	1.1.196.253/24	1.1.196.9/24	视频会议
						3	1.12.196.253/24	1.12.196.2/24	市国资委内网接入
						4	1.11.196.253/24	1.11.196.2/24	数据上报业务
						5	1.10.196.253/24	1.10.196.2/24	DMZ前置服务器
6	F市国资委	1口	地址:5.1.181.226 掩码:255.255.255.248 网关:5.1.181.225	2口	trunk	2	1.1.200.253/24	1.1.200.9/24	视频会议
						3	1.12.200.253/24	1.12.200.2/24	市国资委内网接入
						4	1.11.200.253/24	1.11.200.2/24	数据上报业务
						5	1.10.200.253/24	1.10.200.2/24	DMZ前置服务器
7	G市国资委	1口	地址:5.1.100.130 掩码:255.255.255.128 网关:5.1.100.129	2口	trunk	2	1.1.204.253/24	1.1.204.9/24	视频会议
						3	1.12.204.253/24	1.12.204.2/24	市国资委内网接入
						4	1.11.204.253/24	1.11.204.2/24	数据上报业务
						5	1.10.204.253/24	1.10.204.2/24	DMZ前置服务器
8	H市国资委	1口	地址:5.1.79.66 掩码:255.255.255.240 网关:5.1.79.65	2口	trunk	2	1.1.208.253/24	1.1.208.9/24	视频会议
						3	1.12.208.253/24	1.12.208.2/24	市国资委内网接入
						4	1.11.208.253/24	1.11.208.2/24	数据上报业务
						5	1.10.208.253/24	1.10.208.2/24	DMZ前置服务器

续表

序号	单位名称	上行接口	互联地址	下行接口	接口类型	vlan号	IP地址段	视频会议终端/数据上报/前置服务器	用途说明
9	I市国资委	1口	地址:5.1.73.2 掩码:255.255.255.248 网关:5.1.73.1	2口	trunk	2	1.1.212.253/24	1.1.212.9/24	视频会议
						3	1.12.212.253/24	1.12.212.2/24	市国资委内网接入
						4	1.11.212.253/24	1.11.212.2/24	数据上报业务
						5	1.10.212.253/24	1.10.212.2/24	DMZ前置服务器
10	J市国资委	1口	地址:5.1.211.10 掩码:255.255.255.240 网关:5.1.211.1	2口	trunk	2	1.1.216.253/24	1.1.216.9/24	视频会议
						3	1.12.216.253/24	1.12.216.2/24	市国资委内网接入
						4	1.11.216.253/24	1.11.216.2/24	数据上报业务
						5	1.10.216.253/24	1.10.216.2/24	DMZ前置服务器
11	K市国资委	1口	地址:5.1.193.2 掩码:255.255.255.240 网关:5.1.193.1	2口	trunk	2	1.1.222.253/24	1.1.222.9/24	视频会议
						3	1.12.222.253/24	1.12.222.2/24	市国资委内网接入
						4	1.11.222.253/24	1.11.222.2/24	数据上报业务
						5	1.10.222.253/24	1.10.222.2/24	DMZ前置服务器
12	L市国资委	1口	地址:5.1.172.194 掩码:255.255.255.240 网关:5.1.172.193	2口	trunk	2	1.1.226.253/24	1.1.226.9/24	视频会议
						3	1.12.226.253/24	1.12.226.2/24	市国资委内网接入
						4	1.11.226.253/24	1.11.226.2/24	数据上报业务
						5	1.10.226.253/24	1.10.226.2/24	DMZ前置服务器
13	M市国资委	1口	地址:5.1.88.130 掩码:255.255.255.240 网关:5.1.88.129	2口	trunk	2	1.1.230.253/24	1.1.230.9/24	视频会议
						3	1.12.230.253/24	1.12.230.2/24	市国资委内网接入
						4	1.11.230.253/24	1.11.230.2/24	数据上报业务
						5	1.10.230.253/24	1.10.230.2/24	DMZ前置服务器

续表

序号	单位名称	上行接口	互联地址	下行接口	接口类型	vlan号	IP地址段	视频会议终/数据上报/前置服务器	用途说明
14	N市国资委	1口	地址:5.1.164.50 掩码:255.255.255.240 网关:5.1.164.49	2口	trunk	2	1.1.234.253/24	1.1.234.9/24	视频会议
						3	1.12.234.253/24	1.12.234.2/24	市国资委内网接入
						4	1.11.234.253/24	1.11.234.2/24	数据上报业务
						5	1.10.234.253/24	1.10.234.2/24	DMZ前置服务器
15	O市国资委	1口	地址:5.1.45.98 掩码:255.255.255.240 网关:5.1.45.97	2口	trunk	2	1.1.238.253/24	1.1.238.9/24	视频会议
						3	1.12.238.253/24	1.12.238.2/24	市国资委内网接入
						4	1.11.238.253/24	1.11.238.2/24	数据上报业务
						5	1.10.238.253/24	1.10.238.2/24	DMZ前置服务器
16	P市国资委	1口	地址:5.1.149.18 掩码:255.255.255.240 网关:5.1.149.16	2口	trunk	2	1.1.242.253/24	1.1.242.9/24	视频会议
						3	1.12.242.253/24	1.12.242.2/24	市国资委内网接入
						4	1.11.242.253/24	1.11.242.2/24	数据上报业务
						5	1.10.242.253/24	1.10.242.2/24	DMZ前置服务器

3.4.6.3 防火墙接口配置信息

防火墙接口配置信息如表3.3所示。

表3.3　防火墙接口配置信息

序号	单位名称	IP地址	接口	互联地址	默认路由下一跳
0	安徽省国资委	vlan151:1.3.151.254/24	5口	trunk(vlan150、151、152、153、155)	1.3.151.0/24（数据交互区域地址段地址）
	省属企业				
1	省属企业1	vlan4:1.11.36.252/24	1口	trunk(vlan2,3,4,5)	1.11.36.253
			2口	Vlan2	
			3口	vlan3	
			4口	vlan4	
			5口	vlan5	
2	省属企业2	vlan4:1.11.40.252/24	1口	trunk(vlan2,3,4,5)	1.11.40.253
			2口	vlan2	
			3口	vlan3	
			4口	vlan4	
			5口	vlan5	
3	省属企业3	vlan4:1.11.44.252/24	1口	trunk(vlan2,3,4,5)	1.11.44.253
			2口	vlan2	
			3口	vlan3	
			4口	vlan4	
			5口	vlan5	
4	省属企业4	vlan4:1.11.48.252/24	1口	trunk(vlan2,3,4,5)	1.11.48.253
			2口	vlan2	
			3口	vlan3	
			4口	vlan4	

续表

序号	单位名称	IP地址	接口	互联地址	默认路由下一跳
5	省属企业5	vlan4:1.11.52.252/24	5口	vlan5	
			1口	trunk(vlan2、3、4、5)	1.11.52.253
			2口	vlan2	
			3口	vlan3	
			4口	vlan4	
			5口	vlan5	
6	省属企业6	vlan4:1.11.56.252/24	1口	trunk(vlan2、3、4、5)	1.11.56.253
			2口	vlan2	
			3口	vlan3	
			4口	vlan4	
			5口	vlan5	
7	省属企业7	vlan4:1.11.60.252/24	1口	trunk(vlan2、3、4、5)	1.11.60.253
			2口	vlan2	
			3口	vlan3	
			4口	vlan4	
			5口	vlan5	
8	省属企业8	vlan4:1.11.64.252/24	1口	trunk(vlan2、3、4、5)	1.11.64.253
			2口	vlan2	
			3口	vlan3	
			4口	vlan4	
			5口	vlan5	

续表

序号	单位名称	IP地址	接口	互联地址	默认路由下一跳
9	省属企业9	vlan4:1.11.68.252/24	1口	trunk(vlan2、3、4、5)	1.11.68.253
			2口	vlan2	
			3口	vlan3	
			4口	vlan4	
			5口	vlan5	
10	省属企业10	vlan4:1.11.72.252/24	1口	trunk(vlan2、3、4、5)	1.11.72.253
			2口	vlan2	
			3口	vlan3	
			4口	vlan4	
			5口	vlan5	
11	省属企业11	vlan4:1.11.76.252/24	1口	trunk(vlan2、3、4、5)	1.11.76.253
			2口	vlan2	
			3口	vlan3	
			4口	vlan4	
			5口	vlan5	
12	省属企业12	vlan4:1.11.80.252/24	1口	trunk(vlan2、3、4、5)	1.11.80.253
			2口	vlan2	
			3口	vlan3	
			4口	vlan4	
			5口	vlan5	
13	省属企业13	vlan4:1.11.84.252/24	1口	trunk(vlan2、3、4、5)	1.11.84.253
			2口	vlan2	

续表

序号	单位名称	IP地址	接口		互联地址	默认路由下一跳
14	省属企业14	vlan4:1.11.88.252/24	3口		vlan3	1.11.88.253
			4口		vlan4	
			5口		vlan5	
			1口		trunk(vlan2、3、4、5)	
			2口		vlan2	
15	省属企业15	vlan4:1.11.92.252/24	3口		vlan3	1.11.92.253
			4口		vlan4	
			5口		vlan5	
			1口		trunk(vlan2、3、4、5)	
			2口		vlan2	
16	省属企业16	vlan4:1.11.96.252/24	3口		vlan3	1.11.96.253
			4口		vlan4	
			5口		vlan5	
			1口		trunk(vlan2、3、4、5)	
			2口		vlan2	
17	省属企业17	vlan4:1.11.100.252/24	3口		vlan3	1.11.100.253
			4口		vlan4	
			1口		trunk(vlan2、3、4、5)	
			2口		vlan2	

续表

序号	单位名称	IP 地址	接口	互联地址	默认路由下一跳
18	省属企业 18	vlan4:1.11.104.252/24	1口	trunk(vlan2、3、4、5)	1.11.104.253
			2口	vlan2	
			3口	vlan3	
			4口	vlan4	
			5口	vlan5	
19	省属企业 19	vlan4:1.11.108.252/24	1口	trunk(vlan2、3、4、5)	1.11.108.253
			2口	vlan2	
			3口	vlan3	
			4口	vlan4	
			5口	vlan5	
20	省属企业 20	vlan4:1.11.112.252/24	1口	trunk(vlan2、3、4、5)	1.11.112.253
			2口	vlan2	
			3口	vlan3	
			4口	vlan4	
			5口	vlan5	
21	省属企业 21	vlan4:1.11.116.252/24	1口	trunk(vlan2、3、4、5)	1.11.116.253
			2口	vlan2	
			3口	vlan3	
			4口	vlan4	
			5口	vlan5	

续表

序号	单位名称	IP地址	接口	互联地址	默认路由下一跳
22	省属企业22	vlan4:1.11.120.252/24	1口	trunk(vlan2、3、4、5)	1.11.120.253
			2口	vlan2	
			3口	vlan3	
			4口	vlan4	
			5口	vlan5	
23	省属企业23	vlan4:1.11.124.252/24	1口	trunk(vlan2、3、4、5)	1.11.124.253
			2口	vlan2	
			3口	vlan3	
			4口	vlan4	
			5口	vlan5	
24	省属企业24	vlan4:1.11.128.252/24	1口	trunk(vlan2、3、4、5)	1.11.128.253
			2口	vlan2	
			3口	vlan3	
			4口	vlan4	
			5口	vlan5	
25	省属企业25	vlan4:1.11.132.252/24	1口	trunk(vlan2、3、4、5)	1.11.132.253
			2口	vlan2	
			3口	vlan3	
			4口	vlan4	
			5口	vlan5	
26	省属企业26	vlan4:1.11.136.252/24	1口	trunk(vlan2、3、4、5)	1.11.136.253
			2口	vlan2	

续表

序号	单位名称	IP地址	接口	互联地址	默认路由下一跳
27	省属企业27	vlan4:1.11.140.252/24	3口	vlan3	1.11.140.253
			4口	vlan4	
			5口	trunk(vlan2、3、4、5)	
28	省属企业28	vlan4:1.11.144.252/24	1口	vlan2	1.11.144.253
			2口	vlan3	
			3口	vlan4	
			4口	vlan5	
			5口	trunk(vlan2、3、4、5)	
29	省属企业29	vlan4:1.11.148.252/24	1口	vlan2	1.11.148.253
			2口	vlan3	
			3口	vlan4	
			4口	vlan5	
			5口	trunk(vlan2、3、4、5)	
30	省属企业30	vlan4:1.11.152.252/24	1口	vlan2	1.11.152.253
			2口	vlan3	
			3口	vlan4	
			4口	vlan5	
			5口	trunk(vlan2、3、4、5)	

续表

序号	单位名称	IP 地址	接口	互联地址	默认路由下一跳
			市国资委		
1	A 市国资委	Vlan4:1.11.180.252/24	1口	trunk(vlan2、3、4、5)	1.11.180.253
			2口	vlan2	
			3口	vlan3	
			4口	vlan4	
			5口	vlan5	
2	B 市国资委	Vlan4:1.11.184.252/24	1口	trunk(vlan2、3、4、5)	1.11.184.253
			2口	vlan2	
			3口	vlan3	
			4口	vlan4	
			5口	vlan5	
3	C 市国资委	vlan4:1.11.188.252/24	1口	trunk(vlan2、3、4、5)	1.11.188.253
			2口	vlan2	
			3口	vlan3	
			4口	vlan4	
			5口	vlan5	
4	D 市国资委	vlan4:1.11.192.252/24	1口	trunk(vlan2、3、4、5)	1.11.192.253
			2口	vlan2	
			3口	vlan3	
			4口	vlan4	
			5口	vlan5	

续表

序号	单位名称	IP地址	接口	互联地址	默认路由下一跳
5	E市国资委	vlan4:1.11.196.252/24	1口	trunk(vlan2、3、4、5)	
			2口	vlan2	
			3口	vlan3	1.11.196.253
			4口	vlan4	
			5口	vlan5	
6	F市国资委	vlan4:1.11.200.252/24	1口	trunk(vlan2、3、4、5)	
			2口	vlan2	
			3口	vlan3	1.11.200.253
			4口	vlan4	
			5口	vlan5	
7	G市国资委	vlan4:1.11.204.252/24	1口	trunk(vlan2、3、4、5)	
			2口	vlan2	
			3口	vlan3	1.11.204.253
			4口	vlan4	
			5口	vlan5	
8	H市国资委	vlan4:1.11.208.252/24	1口	trunk(vlan2、3、4、5)	
			2口	vlan2	
			3口	vlan3	1.11.208.253
			4口	vlan4	
			5口	vlan5	
9	I市国资委	vlan4:1.11.212.252/24	1口	trunk(vlan2、3、4、5)	
			2口	vlan2	1.11.212.253

续表

序号	单位名称	IP地址	接口	互联地址	默认路由下一跳
10	J市国资委	vlan4:1.11.216.252/24	3口	vlan3	
			4口	vlan4	
			5口	vlan5	
			1口	trunk(vlan2、3、4、5)	
			2口	vlan2	
			3口	vlan3	1.11.216.253
			4口	vlan4	
			5口	vlan5	
11	K市国资委	vlan4:1.11.222.252/24	1口	trunk(vlan2、3、4、5)	
			2口	vlan2	
			3口	vlan3	1.11.222.253
			4口	vlan4	
			5口	vlan5	
12	L市国资委	vlan4:1.11.226.252/24	1口	trunk(vlan2、3、4、5)	
			2口	vlan2	
			3口	vlan3	1.11.226.253
			4口	vlan4	
			5口	vlan5	
13	M市国资委	vlan4:1.11.230.252/24	1口	trunk(vlan2、3、4、5)	
			2口	vlan2	
			3口	vlan3	1.11.230.253
			4口	vlan4	
			5口	vlan5	

续表

序号	单位名称	IP地址	接口	互联地址	默认路由下一跳
14	N市国资委	vlan4:1.11.234.252/24	1口	trunk(vlan2、3、4、5)	1.11.234.253
			2口	vlan2	
			3口	vlan3	
			4口	vlan4	
			5口	vlan5	
15	O市国资委	vlan4:1.11.238.252/24	1口	trunk(vlan2、3、4、5)	1.11.238.253
			2口	vlan2	
			3口	vlan3	
			4口	vlan4	
			5口	vlan5	
16	P市国资委	vlan4:1.11.242.252/24	1口	trunk(vlan2、3、4、5)	1.11.242.253
			2口	vlan2	
			3口	vlan3	
			4口	vlan4	
			5口	vlan5	

3.4.6.4 交换机接口配置信息

交换机接口配置信息如表3.4所示。

表 3.4 交换机接口配置信息

序号	单位名称	UP地址	默认路由下一条	端口使用
0	安徽省国资委	1.1.1.254/24	1.1.1.253	
	省属企业			
1	省属企业 1	1.11.36.254/24	1.11.36.253	1—16 口 VLAN1/17—24 口 VLAN2
2	省属企业 2	1.11.40.254/24	1.11.40.253	1—16 口 VLAN1/17—24 口 VLAN2
3	省属企业 3	1.11.44.254/24	1.11.44.253	1—16 口 VLAN1/17—24 口 VLAN2
4	省属企业 4	1.11.48.254/24	1.11.48.253	1—16 口 VLAN1/17—24 口 VLAN2
5	省属企业 5	1.11.52.254/24	1.11.52.253	1—16 口 VLAN1/17—24 口 VLAN2
6	省属企业 6	1.11.56.254/24	1.11.56.253	1—16 口 VLAN1/17—24 口 VLAN2
7	省属企业 7	1.11.60.254/24	1.11.60.253	1—16 口 VLAN1/17—24 口 VLAN2
8	省属企业 8	1.11.64.254/24	1.11.64.253	1—16 口 VLAN1/17—24 口 VLAN2
9	省属企业 9	1.11.68.254/24	1.11.68.253	1—16 口 VLAN1/17—24 口 VLAN2
10	省属企业 10	1.11.72.254/24	1.11.72.253	1—16 口 VLAN1/17—24 口 VLAN2
11	省属企业 11	1.11.76.254/24	1.11.76.253	1—16 口 VLAN1/17—24 口 VLAN2
12	省属企业 12	1.11.80.254/24	1.11.80.253	1—16 口 VLAN1/17—24 口 VLAN2
13	省属企业 13	1.11.84.254/24	1.11.84.253	1—16 口 VLAN1/17—24 口 VLAN2
14	省属企业 14	1.11.88.254/24	1.11.88.253	1—16 口 VLAN1/17—24 口 VLAN2
15	省属企业 15	1.11.92.254/24	1.11.92.253	1—16 口 VLAN1/17—24 口 VLAN2

续表

序号	单位名称	UP地址	默认路由下一条	端口使用
16	省属企业16	1.11.96.254/24	1.11.96.253	1—16 口 VLAN1/17—24 口 VLAN2
17	省属企业17	1.11.100.254/24	1.11.100.253	1—16 口 VLAN1/17—24 口 VLAN2
18	省属企业18	1.11.104.254/24	1.11.104.253	1—16 口 VLAN1/17—24 口 VLAN2
19	省属企业19	1.11.108.254/24	1.11.108.253	1—16 口 VLAN1/17—24 口 VLAN2
20	省属企业20	1.11.112.254/24	1.11.112.253	1—16 口 VLAN1/17—24 口 VLAN2
21	省属企业21	1.11.116.254/24	1.11.116.253	1—16 口 VLAN1/17—24 口 VLAN2
22	省属企业22	1.11.120.254/24	1.11.120.253	1—16 口 VLAN1/17—24 口 VLAN2
23	省属企业23	1.11.124.254/24	1.11.124.253	1—16 口 VLAN1/17—24 口 VLAN2
24	省属企业24	1.11.128.254/24	1.11.128.253	1—16 口 VLAN1/17—24 口 VLAN2
25	省属企业25	1.11.132.254/24	1.11.132.253	1—16 口 VLAN1/17—24 口 VLAN2
26	省属企业26	1.11.136.254/24	1.11.136.253	1—16 口 VLAN1/17—24 口 VLAN2
27	省属企业27	1.11.140.254/24	1.11.140.253	1—16 口 VLAN1/17—24 口 VLAN2
28	省属企业28	1.11.144.254/24	1.11.144.253	1—16 口 VLAN1/17—24 口 VLAN2
29	省属企业29	1.11.148.254/24	1.11.148.253	1—16 口 VLAN1/17—24 口 VLAN2
30	省属企业30	1.11.152.254/24	1.11.152.253	1—16 口 VLAN1/17—24 口 VLAN2
市国资委				
1	A市国资委	1.11.180.254/24	1.11.180.253	1—16 口 VLAN1/17—24 口 VLAN2

序号	单位名称	UP地址	默认路由下一条	端口使用
2	B市国资委	1.11.184.254/24	1.11.184.253	1—16口 VLAN1/17—24口 VLAN2
3	C市国资委	1.11.188.254/24	1.11.188.253	1—16口 VLAN1/17—24口 VLAN2
4	D市国资委	1.11.192.254/24	1.11.192.253	1—16口 VLAN1/17—24口 VLAN2
5	E市国资委	1.11.196.254/24	1.11.196.253	1—16口 VLAN1/17—24口 VLAN2
6	F市国资委	1.11.200.254/24	1.11.200.253	1—16口 VLAN1/17—24口 VLAN2
7	G市国资委	1.11.204.254/24	1.11.204.253	1—16口 VLAN1/17—24口 VLAN2
8	H市国资委	1.11.208.254/24	1.11.208.253	1—16口 VLAN1/17—24口 VLAN2
9	I市国资委	1.11.212.254/24	1.11.212.253	1—16口 VLAN1/17—24口 VLAN2
10	J市国资委	1.11.216.254/24	1.11.216.253	1—16口 VLAN1/17—24口 VLAN2
11	K市国资委	1.11.222.254/24	1.11.222.253	1—16口 VLAN1/17—24口 VLAN2
12	L市国资委	1.11.226.254/24	1.11.226.253	1—16口 VLAN1/17—24口 VLAN2
13	M市国资委	1.11.230.254/24	1.11.230.253	1—16口 VLAN1/17—24口 VLAN2
14	N市国资委	1.11.234.254/24	1.11.234.253	1—16口 VLAN1/17—24口 VLAN2
15	O市国资委	1.11.238.254/24	1.11.238.253	1—16口 VLAN1/17—24口 VLAN2
16	P市国资委	1.11.242.254/24	1.11.242.253	1—16口 VLAN1/17—24口 VLAN2

3.4.7　IPSec VPN 隧道设计

由于本系统相关技术是基于 IPSec VPN 技术的,故而在各个分支机构内部以及总部的内部网络中的主机传输的数据,到达边界路由器时便通过 GRE 隧道接口进行 GRE 封装,然后将经过封装后的 GRE 数据包再通过 IPSec 隧道接口进行加密封装。由此可见,针对于 GRE 数据包,各分支机构的边界路由器与总部的边界路由器之间相互通信的加密点和通信点均落在所有的边界路由器上,故而可以选择的 IPSec 的数据包封装模式为传输模式,而不是选择隧道模式,主要是因为隧道模式要比传输模式多了一个 20 B 的、和传输模式一样的报头,这样就使得每个隧道模式的数据包比传输模式的数据包少传输 20 B 的数据,影响到数据的传输速率。同时,隧道模式因为多增加了数据报头,就会增加网络设备的内存和 CPU 资源,影响网络设备的整体性能,增大网络传输的延迟,等等。鉴于上述原因,最终选择了 GRE over IPSec VPN 技术中的 IPSec 传输模式。

对于 IPSec 通信对等点,总部路由器的接口 serial 0/0 与各个分支机构路由器的接口 serial 0/0 之间相互认证为 IPSec 对等体,而且最终将对应的 IPSec 的相关策略均相应地在这些物理接口实施调用。

3.4.8　各设备具体配置内容

3.4.8.1　省国资委端

省国资委端各设备的接口连线如图 3.15 所示。

1. 省国资委端路由器

（1）基本网络配置

① 路由器的名称设置为 GzwTouter。

② 省国资委端路由接口地址的配置可参考前一章节网络地址规

划的表格。对于路由器接口0下的子接口,将OSPF的网络模式改为点到点的网络模式(point-to-point)。

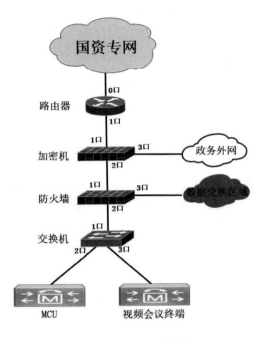

图3.15　省国资委侧连线图

③ 启用OSPF的动态路由协议进程,进程号为1,router id 设置为1.1.3.1。

④ 在OSPF路由协议的区域0下通告如下路由:

a. network 1.1.3.1 0.0.0.0。

b. network 1.3.200.0 0.0.0.255。

c. network 1.1.2.0 0.0.0.255。

d. network 1.2.1.1 0.0.0.0。

(2) 安全配置

① 创建设备配置管理用户GLY,用于远程管理登录和console口登录。

② 创建安全管理员账户AQ,创建审计用户SJ,以符合等级保护对不用用户权限的要求。

③ 禁用设备远程 telnet 登录,开启 ssh 登录,并对登录地址做限制,限制地址为 1.3.200.6。

④ console 口和 vty 口设置登录超时时间为 300 秒。

⑤ 启用密码策略功能,账号密码长度不小于 10 位,密码元素的最少组合类型为 3 种,至少要包含每种元素的个数为 2 个,配置用户登录失败 3 次后,锁定 10 分钟。密码有效期为 180 天,秘密历史记录为 4 次,即修改密码不能前 4 次任意一次密码相同。

⑥ 设置路由器为 NTP 服务器,为其他网络及安全设备提供时间同步服务。

2. 省国资委端加密机

(1) 基本网络配置

① 1 口路由模式,IP 地址配置:1.2.100.2/24、1.2.100.3/24、1.2.100.4/24、1.2.100.5/24。1 口配置 4 个 IP 地址,每个地址分别与省属企业端加密机建立 1 条 VPN 隧道,共 4 条 VPN 隧道。

② 2 口 trunk 模式,在加密机中新建 2 个 vlan,分别为 vlan2 和 vlan3,2 口 trunk 允许 vlan2 和 vlan3 数据通过。2 口与防火前的 1 口相连。

③ vlan2 IP 地址:1.1.1.253/24,vlan3 ip 地址:1.3.XX.XX/24。

④ 3 口路由模式,接政务外网,IP 地址:59.XX.XX.XX/29。

⑤ 路由配置:

a. 默认路由下一条指向 1.2.100.1。

b. 添加到市国资委网络的路由下一条指向政务外网出口的下一条。

(2) 安全配置

① 管理页面登录使用 https,禁用 http。

② 配置不同权限的账户,除了默认的管理员账户外,还应该配置安全管理员和审计管理员的账户。

③ 对设备的管理 IP 进行限制,只允许管理服务器的 IP 地址才能远程登录设备。

④ 启用登录超时限制,限制时间300秒。

⑤ 启用密码复杂度设置,密码长度至少为10位,密码元素的最少组合类型为 3 种,至少要包含每种元素的个数为 2 个。

⑥ 启用账号登录失败处理设置,用户登录失败3次后,锁定10分钟。

⑦ 设置设备的ntp服务器,保持时间与ntp服务器时间统一。

⑧ 安全策略:

a. 阻止策略:阻止 any-any 的135~139、445端口访问。

d. 放行策略:放行省属企业视频会议终端到省国资委视频会议 MCU 的访问策略,服务 any。

c. 放行策略:放行市国资委视频会议终端到省国资委视频会议 MCU 的访问策略,服务 any。

d. 放行策略:放行省国资委视频会议 MCU 到省属企业视频会议终端的访问策略。

e. 放行策略:放行省国资委视频会议 MCU 到市国资委视频会议终端的访问策略,服务 any。

f. 放行策略:放行省属企业数据上报客户端到省国资委数据上报服务器的访问策略,服务 any

g. 放行策略:放行管理服务器到所有省属企业路由器的访问策略,服务 any。

h. 放行策略:放行管理服务器到所有省属企业加密机的访问策略,服务 any。

i. 放行策略:放行管理服务器到所有省属企业防火墙的访问策略,服务 any。

j. 放行策略:放行管理服务器到所有省属企业交换机的访问策略,服务 any。

k. 放行策略:放行管理服务器到市国资委加密机的访问策略,服务 any。

l. 放行策略:放行省国资委防火墙到省国资委路由器的访问策

略,服务ntp。

m. 放行策略:放行省国资委交换机到省国资委路由器的访问策略,服务ntp。

n. 放行策略:放行管理服务器到省国资委交换机的访问策略,服务any。

o. 阻止策略:阻止any-any的任意端口服务。

⑨ 源NAT转换:

a. 管理服务器访问省属企业路由器、加密机将管理服务器的地址NAT转换成加密机1口地址段地址,1.3.200.6。

b. 管理服务器访问省国资委路由器将管理服务器的地址NAT转换成加密机1口地址段地址,1.3.200.6。

c. 防火墙访问省国资委路由器将管理服务器的地址NAT转换成加密机1口地址段地址,1.3.200.6。

d. 频会议交换机访问省国资委路由器将管理服务器的地址NAT转换成加密机1口地址段地址,1.3.200.6。

e. 管理服务器访问市国资委加密机将管理服务器地址NAT转换为加密机3口接口地址。

3. 省国资委端防火墙

(1) 基本网络配置

① 防火墙共使用1、2、3三个口。三个口均为桥模式。

② 在防火墙上创建vlan2、vlan3两个vlan,1口设置为trunk模式,2口划到vlan2下,3口划到vlan3下。1口连接加密机的2口。2口连接视频会议交换机的1口,3口连接数据交互区域的交换机。

③ 1口trunk模式,允许vlan2和vlan3数据通过。

④ vlan3 IP地址:1.3.XX.XX/24。

⑤ 路由配置:添加默认路由下一条指向省国资委加密机vlan3的接口地址。

(2) 安全配置

① 管理页面登录使用https,禁用http。

② 配置不同权限的账户,除了默认的管理员账户外,还应该配置安全管理员和审计管理员的账户。

③ 对设备的管理IP进行限制,只允许管理服务器的IP地址才能远程登录设备。管理服务器地址为:1.3.XX.XX/24。

④ 启用登录超时限制,限制时间300秒。

⑤ 启用密码复杂度设置,密码长度至少为10位,密码元素的最少组合类型为 3 种,至少要包含每种元素的个数为 2个。

⑥ 启用账号登录失败处理设置,用户登录失败3次后,锁定10分钟。

⑦ 设置设备的ntp服务器,保持时间与ntp服务器时间统一。

⑧ 安全策略:

a. 阻止策略:阻止 any-any 的135~139、445端口访问。

b. 放行策略:放行省属企业视频会议终端到省国资委视频会议MCU的访问策略,服务 any。

c. 放行策略:放行市国资委视频会议终端到省国资委视频会议MCU的访问策略,服务 any。

d. 放行策略:放行省国资委视频会议MCU到省属企业视频会议终端的访问策略。

e. 放行策略:放行省国资委视频会议MCU到市国资委视频会议终端的访问策略,服务 any。

f. 行策略:放行省属企业数据上报客户端到省国资委数据上报服务器的访问策略,服务 any。

g. 放行策略:放行管理服务器到所有省属企业路由器的访问策略,服务 any。

h. 放行策略:放行管理服务器到所有省属企业加密机的访问策略,服务 any。

i. 放行策略:放行管理服务器到所有省属企业防火墙的访问策略,服务 any。

j. 放行策略:放行管理服务器到所有省属企业交换机的访问策

略,服务 any。

　　k. 放行策略:放行管理服务器到市国资委加密机的访问策略,服务 any。

　　l. 放行策略:放行省国资委防火墙到省国资委路由器的访问策略,服务 ntp。

　　m. 放行策略:放行省国资委交换机到省国资委路由器的访问策略,服务 ntp。

　　n. 放行策略:放行管理服务器到省国资委交换机的访问策略,服务 any。

　　o. 阻止策略:阻止 any-any 的任意端口服务。

4. 省国资委端交换机

（1）基本网络配置

①交换机不进行 vlan 的划分,全部端口为默认的 vlan1。

②交换机 1 口接防火墙的 2 口,其余口用于接 MCU 和视频会议终端。如 2 口接 MCU,3 口接视频会议终端。

③交换机管理 IP 地址:1.1.1.254/24。

④路由配置:添加默认路由下一条指向省国资委加密机 vlan2 的接口地址:1.1.1.253。

（2）安全配置

①创建设备配置管理用户 GLY,用于远程管理登录和 console 口登录。

②创建安全管理员账户 AQ,创建审计用户 SJ,以符合等级保护对不用用户权限的要求。

③禁用设备远程 telnet 登录,开启 ssh 登录,并对登录地址做限制,限制地址为 1.3.XX.XX。

④console 口和 vty 口设置登录超时时间为 300 秒。

⑤启用密码策略功能,账号密码长度不小于 10 位,密码元素的最少组合类型为 3 种,至少要包含每种元素的个数为 2 个,配置用户登录失败 3 次后,锁定 10 分钟。密码有效期为 180 天,秘密历史记录

为4次,即修改密码不能前4次任意一次密码相同。

⑥ 配置ntp时间服务器1.3.200.1。

3.4.8.2 省属企业端

省属企业端各设备的接口连线如图3.16所示。

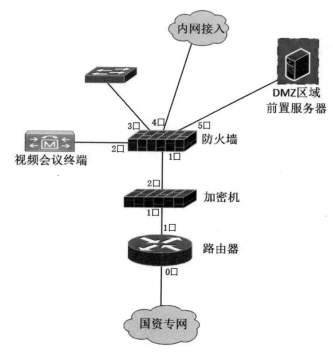

图3.16 省属企业侧连线图

1. 省属企业端路由器

(1)基本网络配置

① 路由器的名称设置为各个安徽省属企业名称的缩写,接口地址、OSPF区域划分,具体如表3.5所示。

表3.5 安徽省属企业端路由器规划

序号	单位名称	路由器名称	ospf进程号	router id (loopback0)	互联接口	互联地址	Area
1	省属企业1	SSQY1	ospf1	1.1.3.3/32	0口	1.1.2.6/30	0
					1口	1.2.102.1/24	2

续表

序号	单位名称	路由器名称	ospf进程号	router id (loopback0)	互联接口	互联地址	Area
2	省属企业2	SSQY2	ospf1	1.1.3.4/32	0口	1.1.2.10/30	0
					1口	1.2.103.1/24	3
3	省属企业3	SSQY3	ospf1	1.1.3.5/32	0口	1.1.2.14/30	0
					1口	1.2.104.1/24	4
4	省属企业4	SSQY4	ospf1	1.1.3.6/32	0口	1.1.2.18/30	0
					1口	1.2.105.1/24	5
5	省属企业5	SSQY5	ospf1	1.1.3.7/32	0口	1.1.2.22/30	0
					1口	1.2.106.1/24	6
6	省属企业6	SSQY6	ospf1	1.1.3.8/32	0口	1.1.2.26/30	0
					1口	1.2.107.1/24	7
7	省属企业7	SSQY7	ospf1	1.1.3.9/32	0口	1.1.2.30/30	0
					1口	1.2.108.1/24	8
8	省属企业8	SSQY8	ospf1	1.1.3.10/32	0口	1.1.2.34/30	0
					1口	1.2.109.1/24	9
9	省属企业9	SSQY9	ospf1	1.1.3.11/32	0口	1.1.2.38/30	0
					1口	1.2.110.1/24	10
10	省属企业10	SSQY10	ospf1	1.1.3.12/32	0口	1.1.2.42/30	0
					1口	1.2.111.1/24	11
11	省属企业11	SSQY11	ospf1	1.1.3.13/32	0口	1.1.2.46/30	0
					1口	1.2.112.1/24	12
12	省属企业12	SSQY12	ospf1	1.1.3.14/32	0口	1.1.2.50/30	0
					1口	1.2.113.1/24	13
13	省属企业13	SSQY13	ospf1	1.1.3.15/32	0口	1.1.2.54/30	0
					1口	1.2.114.1/24	14
14	省属企业14	SSQY14	ospf1	1.1.3.16/32	0口	1.1.2.58/30	0
					1口	1.2.115.1/24	15
15	省属企业15	SSQY15	ospf1	1.1.3.17/32	0口	1.1.2.62/30	0
					1口	1.2.116.1/24	16
16	省属企业16	SSQY16	ospf1	1.1.3.18/32	0口	1.1.2.66/30	0
					1口	1.2.117.1/24	17
17	省属企业17	SSQY17	ospf1	1.1.3.19/32	0口	1.1.2.70/30	0
					1口	1.2.118.1/24	18
18	省属企业18	SSQY18	ospf1	1.1.3.20/32	0口	1.1.2.74/30	0
					1口	1.2.119.1/24	19

序号	单位名称	路由器名称	ospf进程号	router id (loopback0)	互联接口	互联地址	Area
19	省属企业19	SSQY19	ospf1	1.1.3.21/32	0口	1.1.2.78/30	0
					1口	1.2.120.1/24	20
20	省属企业20	SSQY20	ospf1	1.1.3.22/32	0口	1.1.2.82/30	0
					1口	1.2.121.1/24	21
21	省属企业21	SSQY21	ospf1	1.1.3.23/32	0口	1.1.2.86/30	0
					1口	1.2.122.1/24	22
22	省属企业22	SSQY22	ospf1	1.1.3.24/32	0口	1.1.2.90/30	0
					1口	1.2.123.1/24	23
23	省属企业23	SSQY23	ospf1	1.1.3.25/32	0口	1.1.2.94/30	0
					1口	1.2.124.1/24	24
24	省属企业24	SSQY24	ospf1	1.1.3.26/32	0口	1.1.2.97/30	0
					1口	1.2.125.1/24	25
25	省属企业25	SSQY25	ospf1	1.1.3.27/32	0口	1.1.2.102/30	0
					1口	1.2.126.1/24	26
26	省属企业26	SSQY26	ospf1	1.1.3.28/32	0口	1.1.2.106/30	0
					1口	1.2.127.1/24	27
27	省属企业27	SSQY27	ospf1	1.1.3.29/32	0口	1.1.2.110/30	0
					1口	1.2.128.1/24	28
28	省属企业28	SSQY28	ospf1	1.1.3.30/32	0口	1.1.2.114/30	0
					1口	1.2.129.1/24	29
29	省属企业29	SSQY29	ospf1	1.1.3.31/32	0口	1.1.2.118/30	0
					1口	1.2.130.1/24	30
30	省属企业30	SSQY30	ospf1	1.1.3.32/32	0口	1.1.2.122/30	0
					1口	1.2.131.1/24	31

② 路由器接口0和1,将OPSF的网络模式改为点到点的网络模式。

③ 启用OSPF的动态路由协议进程,进程号为1,router ID 设置为loopback0的地址。

④ 将路由器0口划为区域0,1口划为对应的非区域0

⑤ 在OSPF路由协议的区域0下通告如下路由:

network 1.1.3.X 0.0.0.0　　　　/*X取值为2~30*/

network 1.1.2.X 0.0.0.127

⑥ 在OSPF路由协议的区域1下通告如下路由：

network 1.2.X.1 0.0.0.0　　　　/*X取值为102～131*/

（2）安全配置

① 创建设备配置管理用户GLY，用于远程管理登录和console口登录。

② 创建安全管理员账户AQ，创建审计用户SJ，以符合等级保护对不用用户权限的要求。

③ 禁用设备远程telnet登录，开启ssh登录，并对登录地址做限制，限制地址为1.3.200.6。

④ Console口和vty口设置登录超时时间为300秒。

⑤ 启用密码策略功能，账号密码长度不小于10位，密码元素的最少组合类型为3种，至少要包含每种元素的个数为2个，配置用户登录失败3次后，锁定10分钟。密码有效期为180天，秘密历史记录为4次，即修改密码不能前4次任意一次密码相同。

⑥ 配置NTP服务器，保持设备时间的统一。

2. 省属企业端加密机

（1）基本网络配置

省属企业端加密机地址规划如表3.6所示。

表3.6　省属企业端加密机地址规划

序号	单位名称	互联接口	互联地址	默认路由下一条
1	省属企业1	1口	1.2.102.2/24	1.2.102.1/24
		2口	trunk（vlan2、3、4、5）	
2	省属企业2	1口	1.2.103.2/24	1.2.103.1/24
		2口	trunk（vlan2、3、4、5）	
3	省属企业3	1口	1.2.104.2/24	1.2.104.1/24
		2口	trunk（vlan2、3、4、5）	
4	省属企业4	1口	1.2.105.2/24	1.2.105.1/24
		2口	trunk（vlan2、3、4、5）	
5	省属企业5	1口	1.2.106.2/24	1.2.106.1/24
		2口	trunk（vlan2、3、4、5）	
6	省属企业6	1口	1.2.107.2/24	1.2.107.1/24
		2口	trunk（vlan2、3、4、5）	

序号	单位名称	互联接口	互联地址	默认路由下一条
7	省属企业7	1口	1.2.108.2/24	1.2.108.1/24
		2口	trunk(vlan2、3、4、5)	
8	省属企业8	1口	1.2.109.2/24	1.2.109.1/24
		2口	trunk(vlan2、3、4、5)	
9	省属企业9	1口	1.2.110.2/24	1.2.110.1/24
		2口	trunk(vlan2、3、4、5)	
10	省属企业10	1口	1.2.111.2/24	1.2.111.1/24
		2口	trunk(vlan2、3、4、5)	
11	省属企业11	1口	1.2.112.2/24	1.2.112.1/24
		2口	trunk(vlan2、3、4、5)	
12	省属企业12	1口	1.2.113.2/24	1.2.113.1/24
		2口	trunk(vlan2、3、4、5)	
13	省属企业13	1口	1.2.114.2/24	1.2.114.1/24
		2口	trunk(vlan2、3、4、5)	
14	省属企业14	1口	1.2.115.2/24	1.2.115.1/24
		2口	trunk(vlan2、3、4、5)	
15	省属企业15	1口	1.2.116.2/24	1.2.116.1/24
		2口	trunk(vlan2、3、4、5)	
16	省属企业16	1口	1.2.117.2/24	1.2.117.1/24
		2口	trunk(vlan2、3、4、5)	
17	省属企业17	1口	1.2.118.2/24	1.2.118.1/24
		2口	trunk(vlan2、3、4、5)	
18	省属企业18	1口	1.2.119.2/24	1.2.119.1/24
		2口	trunk(vlan2、3、4、5)	
19	省属企业19	1口	1.2.120.2/24	1.2.120.1/24
		2口	trunk(vlan2、3、4、5)	
20	省属企业20	1口	1.2.121.2/24	1.2.121.1/24
		2口	trunk(vlan2、3、4、5)	
21	省属企业21	1口	1.2.122.2/24	1.2.122.1/24
		2口	trunk(vlan2、3、4、5)	
22	省属企业22	1口	1.2.123.2/24	1.2.123.1/24
		2口	trunk(vlan2、3、4、5)	
23	省属企业23	1口	1.2.124.2/24	1.2.124.1/24
		2口	trunk(vlan2、3、4、5)	

续表

序号	单位名称	互联接口	互联地址	默认路由下一条
24	省属企业24	1口	1.2.125.2/24	1.2.125.1/24
		2口	trunk(vlan2、3、4、5)	
25	省属企业25	1口	1.2.126.2/24	1.2.126.1/24
		2口	trunk(vlan2、3、4、5)	
26	省属企业26	1口	1.2.127.2/24	1.2.127.1/24
		2口	trunk(vlan2、3、4、5)	
27	省属企业27	1口	1.2.128.2/24	1.2.128.1/24
		2口	trunk(vlan2、3、4、5)	
28	省属企业28	1口	1.2.129.2/24	1.2.129.1/24
		2口	trunk(vlan2、3、4、5)	
29	省属企业29	1口	1.2.130.2/24	1.2.130.1/24
		2口	trunk(vlan2、3、4、5)	
30	省属企业30	1口	1.2.131.2/24	1.2.131.1/24
		2口	trunk(vlan2、3、4、5)	

① 如表3.6所示,加密机1口连接省属路由器的1口,1口路由模式,IP地址参照上表进行配置。加密机分别与省国资委端加密机的4个地址1.2.100.2、1.2.100.3、1.2.100.4、1.2.100.5建立一条vpn隧道,用于省属企业端视频会议、数据上报、企业内网接入客户端、DMZ前置服务器数据流量的传输。

② 2口trunk模式,在加密机中新建4个vlan,分别为vlan2和vlan3、vlan4和vlan5,2口trunk允许vlan2、vlan3、vlan4和vlan5数据通过。2口与防火前的1口相连。

③ vlan2、vlan3、vlan5和vlan5 IP地址参照5.1.2章节加密机地址规划进行配置。

④ 路由配置:默认路由下一条指向按照前面表格进行配置。

(2)安全配置

① 管理页面登录使用https,禁用http。

② 配置不同权限的账户,除了默认的管理员账户外,还应该配置安全管理员和审计管理员的账户。

③ 对设备的管理IP进行限制,只允许管理服务器的IP地址才能

远程登录设备。地址为1.3.200.6。

④ 启用登录超时限制,限制时间300秒。

⑤ 启用密码复杂度设置,密码长度至少为10位,密码元素的最少组合类型为3种,至少要包含每种元素的个数为2个。

⑥ 启用账号登录失败处理设置,用户登录失败3次后,锁定10分钟。

⑦ 设置设备的ntp服务器,保持时间与ntp服务器时间统一。

⑧ 安全策略:

a. 阻止策略:阻止any-any的135～139、445端口访问。

b. 行策略:放行省属企业视频会议终端到省国资委视频会议MCU的访问策略,服务any。

c. 放行策略:放行省国资委视频会议MCU到省属企业视频会议终端的访问策略,服务any。

d. 放行策略:放行省属企业数据上报客户端到省国资委数据上报服务器的访问策略,服务any。

e. 放行策略:放行管理服务器到省属企业防火墙的访问策略,服务any。

f. 放行策略:放行管理服务器到省属企业交换机的访问策略,服务any。

g. 行策略:放行省属企业防火墙到省国资委路由器的访问策略,服务ntp。

h. 放行策略:放行省属企业交换机到省国资委路由器的访问策略,服务ntp。

i. 阻止策略:阻止any-any的任意端口服务。

⑨ 源NAT转换:

a. 属企业防火墙访问省国资委路由器将防火墙的地址NAT转换成加密机1口地址。

b. 属企业交换机访问省国资委路由器将交换机的地址NAT转换成加密机1口地址。

3. 省属企业端防火墙

（1）基本网络配置

安徽省属企业端防火墙址规划如表3.7所示。

表3.7　安徽省属企业端防火墙址规划

序号	单位名称	UP 地址	接口	互联地址	默认路由下一条
1	省属企业1	vlan4：1.11.36.252/24	1口	trunk（vlan2、3、4、5）	1.11.36.253
			2口	Vlan2	
			3口	vlan3	
			4口	vlan4	
			5口	vlan5	
2	省属企业2	vlan4：1.11.40.252/24	1口	trunk（vlan2、3、4、5）	1.11.40.253
			2口	vlan2	
			3口	vlan3	
			4口	vlan4	
			5口	vlan5	
3	省属企业3	vlan4：1.11.44.252/24	1口	trunk（vlan2、3、4、5）	1.11.44.253
			2口	vlan2	
			3口	vlan3	
			4口	vlan4	
			5口	vlan5	
4	省属企业4	vlan4：1.11.48.252/24	1口	trunk（vlan2、3、4、5）	1.11.48.253
			2口	vlan2	
			3口	vlan3	
			4口	vlan4	
			5口	vlan5	
5	省属企业5	vlan4：1.11.52.252/24	1口	trunk（vlan2、3、4、5）	1.11.52.253
			2口	vlan2	
			3口	vlan3	
			4口	vlan4	
			5口	vlan5	
6	省属企业6	vlan4：1.11.56.252/24	1口	trunk（vlan2、3、4、5）	1.11.56.253
			2口	vlan2	
			3口	vlan3	
			4口	vlan4	
			5口	vlan5	

序号	单位名称	UP 地址	接口	互联地址	默认路由下一条
7	省属企业7	vlan4：1.11.60.252/24	1口	trunk(vlan2、3、4、5)	1.11.60.253
			2口	vlan2	
			3口	vlan3	
			4口	vlan4	
			5口	vlan5	
8	省属企业8	vlan4：1.11.64.252/24	1口	trunk(vlan2、3、4、5)	1.11.64.253
			2口	vlan2	
			3口	vlan3	
			4口	vlan4	
			5口	vlan5	
9	省属企业9	vlan4：1.11.68.252/24	1口	trunk(vlan2、3、4、5)	1.11.68.253
			2口	vlan2	
			3口	vlan3	
			4口	vlan4	
			5口	vlan5	
10	省属企业10	vlan4：1.11.72.252/24	1口	trunk(vlan2、3、4、5)	1.11.72.253
			2口	vlan2	
			3口	vlan3	
			4口	vlan4	
			5口	vlan5	
11	省属企业11	vlan4：1.11.76.252/24	1口	trunk(vlan2、3、4、5)	1.11.76.253
			2口	vlan2	
			3口	vlan3	
			4口	vlan4	
			5口	vlan5	
12	省属企业12	vlan4：1.11.80.252/24	1口	trunk(vlan2、3、4、5)	1.11.80.253
			2口	vlan2	
			3口	vlan3	
			4口	vlan4	
			5口	vlan5	
13	省属企业13	vlan4：1.11.84.252/24	1口	trunk(vlan2、3、4、5)	1.11.84.253
			2口	vlan2	
			3口	vlan3	
			4口	vlan4	
			5口	vlan5	

续表

序号	单位名称	UP 地址	接口	互联地址	默认路由下一条
14	省属企业 14	vlan4：1.11.88.252/24	1口	trunk(vlan2、3、4、5)	1.11.88.253
			2口	vlan2	
			3口	vlan3	
			4口	vlan4	
			5口	vlan5	
15	省属企业 15	vlan4：1.11.92.252/24	1口	trunk(vlan2、3、4、5)	1.11.92.253
			2口	vlan2	
			3口	vlan3	
			4口	vlan4	
			5口	vlan5	
16	省属企业 16	vlan4：1.11.96.252/24	1口	trunk(vlan2、3、4、5)	1.11.96.253
			2口	vlan2	
			3口	vlan3	
			4口	vlan4	
			5口	vlan5	
17	省属企业 17	vlan4：1.11.100.252/24	1口	trunk(vlan2、3、4、5)	1.11.100.253
			2口	vlan2	
			3口	vlan3	
			4口	vlan4	
			5口	vlan5	
18	省属企业 18	vlan4：1.11.104.252/24	1口	trunk(vlan2、3、4、5)	1.11.104.253
			2口	vlan2	
			3口	vlan3	
			4口	vlan4	
			5口	vlan5	
19	省属企业 19	vlan4：1.11.108.252/24	1口	trunk(vlan2、3、4、5)	1.11.108.253
			2口	vlan2	
			3口	vlan3	
			4口	vlan4	
			5口	vlan5	
20	省属企业 20	vlan4：1.11.112.252/24	1口	trunk(vlan2、3、4、5)	1.11.112.253
			2口	vlan2	
			3口	vlan3	
			4口	vlan4	
			5口	vlan5	

序号	单位名称	UP 地址	接口	互联地址	默认路由下一条
21	省属企业 21	vlan4:1.11.116.252/24	1口	trunk(vlan2、3、4、5)	1.11.116.253
			2口	vlan2	
			3口	vlan3	
			4口	vlan4	
			5口	vlan5	
22	省属企业 22	vlan4:1.11.120.252/24	1口	trunk(vlan2、3、4、5)	1.11.120.253
			2口	vlan2	
			3口	vlan3	
			4口	vlan4	
			5口	vlan5	
23	省属企业 23	vlan4:1.11.124.252/24	1口	trunk(vlan2、3、4、5)	1.11.124.253
			2口	vlan2	
			3口	vlan3	
			4口	vlan4	
			5口	vlan5	
24	省属企业 24	vlan4:1.11.128.252/24	1口	trunk(vlan2、3、4、5)	1.11.128.253
			2口	vlan2	
			3口	vlan3	
			4口	vlan4	
			5口	vlan5	
25	省属企业 25	vlan4:1.11.132.252/24	1口	trunk(vlan2、3、4、5)	1.11.132.253
			2口	vlan2	
			3口	vlan3	
			4口	vlan4	
			5口	vlan5	
26	省属企业 26	vlan4:1.11.136.252/24	1口	trunk(vlan2、3、4、5)	1.11.136.253
			2口	vlan2	
			3口	vlan3	
			4口	vlan4	
			5口	vlan5	
27	省属企业 27	vlan4:1.11.140.252/24	1口	trunk(vlan2、3、4、5)	1.11.140.253
			2口	vlan2	
			3口	vlan3	
			4口	vlan4	
			5口	vlan5	

序号	单位名称	UP 地址	接口	互联地址	默认路由下一条
28	省属企业28	vlan4:1.11.144.252/24	1口	trunk(vlan2、3、4、5)	1.11.144.253
			2口	vlan2	
			3口	vlan3	
			4口	vlan4	
			5口	vlan5	
29	省属企业29	vlan4:1.11.148.252/24	1口	trunk(vlan2、3、4、5)	1.11.148.253
			2口	vlan2	
			3口	vlan3	
			4口	vlan4	
			5口	vlan5	
30	省属企业30	vlan4:1.11.152.252/24	1口	trunk(vlan2、3、4、5)	1.11.152.253
			2口	vlan2	
			3口	vlan3	
			4口	vlan4	
			5口	vlan5	

① 防火墙共使用1、2、3、4、5五个口。五个口均为桥模式。

② 如表3.7所示,交换机1口连接加密机的2口,1口交换为模式,设置为trunk,在防火墙创建vlan2、vlan3、vlan4、vlan5 四个vlan,1口trunk模式允许新建的vlan2、vlan3、vlan4、vlan5数据通过,防火墙2、3、4、5口按照上表分别划分到vlan2、vlan3、vlan4和vlan5下,对应运行的业务为视频会议、数据上报客户端接入、企业内网接入和DMZ前置服务器。

③ 按照表3.7对vlan3进行IP地址设置,作为防火墙的管理地址。

④ 路由配置:默认路由下一条指向加密机vlan3的接口地址。

(2) 安全配置

① 管理页面登录使用https,禁用http。

② 配置不同权限的账户,除了默认的管理员账户外,还应该配置安全管理员和审计管理员的账户。

③ 对设备的管理IP进行限制,只允许管理服务器的IP地址才能

远程登录设备。地址为1.3.XX.XX。

④ 启用登录超时限制,限制时间300秒。

⑤ 启用密码复杂度设置,密码长度至少为10位,密码元素的最少组合类型为3种,至少要包含每种元素的个数为2个。

⑥ 启用账号登录失败处理设置,用户登录失败3次后,锁定10分钟。

⑦ 设置设备的ntp服务器,保持时间与ntp服务器时间统一。

⑧ 安全策略

a. 阻止策略:阻止any-any的135~139、445端口访问。

b. 放行策略:放行省属企业视频会议终端到省国资委视频会议MCU的访问策略,服务any。

c. 行策略:放行省国资委视频会议MCU到省属企业视频会议终端的访问策略,服务any。

d. 放行策略:放行省属企业数据上报客户端到省国资委数据上报服务器的访问策略,服务any。

e. 放行策略:放行省属企业交换机到省国资委路由器的访问策略,服务ntp。

g. 阻止策略:阻止any-any的任意端口服务。

4. 省属企业端交换机

(1) 基本网络配置

安徽省属企业交换机地址规划如表3.8所示。

表3.8　安徽省属企业交换机地址规划

序号	单位名称	UP地址	默认路由下一条
1	省属企业1	1.11.36.254/24	1.11.36.253
2	省属企业2	1.11.40.254/24	1.11.40.253
3	省属企业3	1.11.44.254/24	1.11.44.253
4	省属企业4	1.11.48.254/24	1.11.48.253
5	省属企业5	1.11.52.254/24	1.11.52.253
6	省属企业6	1.11.56.254/24	1.11.56.253
7	省属企业7	1.11.60.254/24	1.11.60.253

序号	单位名称	UP 地址	默认路由下一条
8	省属企业 8	1.11.64.254/24	1.11.64.253
9	省属企业 9	1.11.68.254/24	1.11.68.253
10	省属企业 10	1.11.72.254/24	1.11.72.253
11	省属企业 11	1.11.76.254/24	1.11.76.253
12	省属企业 12	1.11.80.254/24	1.11.80.253
13	省属企业 13	1.11.84.254/24	1.11.84.253
14	省属企业 14	1.11.88.254/24	1.11.88.253
15	省属企业 15	1.11.92.254/24	1.11.92.253
16	省属企业 16	1.11.96.254/24	1.11.96.253
17	省属企业 17	1.11.100.254/24	1.11.100.253
18	省属企业 18	1.11.104.254/24	1.11.104.253
19	省属企业 19	1.11.108.254/24	1.11.108.253
20	省属企业 20	1.11.112.254/24	1.11.112.253
21	省属企业 21	1.11.116.254/24	1.11.116.253
22	省属企业 22	1.11.120.254/24	1.11.120.253
23	省属企业 23	1.11.124.254/24	1.11.124.253
24	省属企业 24	1.11.128.254/24	1.11.128.253
25	省属企业 25	1.11.132.254/24	1.11.132.253
26	省属企业 26	1.11.136.254/24	1.11.136.253
27	省属企业 27	1.11.140.254/24	1.11.140.253
28	省属企业 28	1.11.144.254/24	1.11.144.253
29	省属企业 29	1.11.148.254/24	1.11.148.253
30	省属企业 30	1.11.152.254/24	1.11.152.253

① 交换机不进行 vlan 的划分,全部端口为默认的 vlan1。

② 交换机1口接防火墙的2口,其余口用于接数据上报客户端。

③ 交换机管理IP地址按照上面表格地址规划进行配置。

④ 路由配置:添加默认路由下一条指向省国资委加密机 vlan3 的接口地址。

(2)安全配置

① 创建设备配置管理用户GLY,用于远程管理登录和 console 口登录。

② 创建安全管理员账户 AQ，创建审计用户 SJ，以符合等级保护对不用用户权限的要求。

③ 禁用设备远程 telnet 登录，开启 ssh 登录，并对登录地址做限制，限制地址为 1.3.200.6。

④ console 口和 vty 口设置登录超时时间为 300 秒。

⑤ 启用密码策略功能，账号密码长度不小于 10 位，密码元素的最少组合类型为 3 种，至少要包含每种元素的个数为 2 个，配置用户登录失败 3 次后，锁定 10 分钟。密码有效期为 180 天，秘密历史记录为 4 次，即修改密码不能前 4 次任意一次密码相同。

⑥ 配置 ntp 时间服务器 1.3.200.1。

3.4.8.3 市国资委端

市国资委端各设备的接口连线如图 3.17 所示。

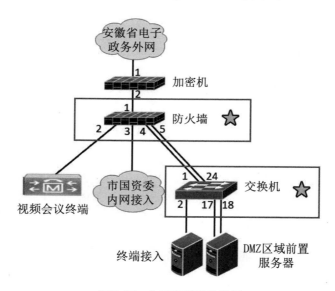

图3.17 市国资委侧连线图

1. 市国资委端加密机

（1）基本网络配置

市国资委端加密机地址规划如表 3.9 所示。

表3.9　市国资委端加密机地址规划

序号	单位名称	上行接口	互联地址	下行接口	用途说明
1	A市国资委	1口	电子政务网地址	4口（接交换机） 5口（接交换机）	视频会议 数据上报业务 市国资委内网接入 DMZ前置服务器
2	B市国资委	1口	电子政务网地址	4口（接交换机） 5口（接交换机）	视频会议 数据上报业务 市国资委内网接入 DMZ前置服务器
3	C市国资委	1口	电子政务网地址	4口（接交换机） 5口（接交换机）	视频会议 数据上报业务 市国资委内网接入 DMZ前置服务器
4	D市国资委	1口	电子政务网地址	4口（接交换机） 5口（接交换机）	视频会议 数据上报业务 市国资委内网接入 DMZ前置服务器
5	E市国资委	1口	电子政务网地址	4口（接交换机） 5口（接交换机）	视频会议 数据上报业务 市国资委内网接入 DMZ前置服务器
6	F市国资委	1口	电子政务网地址	4口（接交换机） 5口（接交换机）	视频会议 数据上报业务 市国资委内网接入 DMZ前置服务器
7	G市国资委	1口	电子政务网地址	4口（接交换机） 5口（接交换机）	视频会议 数据上报业务 市国资委内网接入 DMZ前置服务器
8	H市国资委	1口	电子政务网地址	4口（接交换机） 5口（接交换机）	视频会议 数据上报业务 市国资委内网接入 DMZ前置服务器

续表

序号	单位名称	上行接口	互联地址	下行接口	用途说明
9	I市国资委	1口	电子政务网地址	4口（接交换机） 5口（接交换机）	视频会议 数据上报业务 市国资委内网接入 DMZ前置服务器
10	J市国资委	1口	电子政务网地址	4口（接交换机） 5口（接交换机）	视频会议 数据上报业务 市国资委内网接入 DMZ前置服务器
11	K市国资委	1口	电子政务网地址	4口（接交换机） 5口（接交换机）	视频会议 数据上报业务 市国资委内网接入 DMZ前置服务器
12	L市国资委	1口	电子政务网地址	4口（接交换机） 5口（接交换机）	视频会议 数据上报业务 市国资委内网接入 DMZ前置服务器
13	M市国资委	1口	电子政务网地址	4口（接交换机） 5口（接交换机）	视频会议 数据上报业务 市国资委内网接入 DMZ前置服务器
14	N市国资委	1口	电子政务网地址	4口（接交换机） 5口（接交换机）	视频会议 数据上报业务 市国资委内网接入 DMZ前置服务器
15	O市国资委	1口	电子政务网地址	4口（接交换机） 5口（接交换机）	视频会议 数据上报业务 市国资委内网接入 DMZ前置服务器
16	P市国资委	1口	电子政务网地址	4口（接交换机） 5口（接交换机）	视频会议 数据上报业务 市国资委内网接入 DMZ前置服务器

市国资委加密机接口连线如图3.18所示。

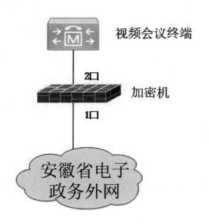

图3.18　市国资委加密机连线图

根据前面表格的地址规划,加密机1口连接省电子政务外网,接口为路由模式,配置电子政务外网地址,与省国资委实现网络的互联互通。加密机创建4个vlan,分别为vlan2,vlan3、vlan4和vlan5,分别用于视频会议、数据上报、市国资委内网接入和DMZ前置服务器接入。加密机的2、3、4、5口分别划分为vlan2、vlan3、vlan4和vlan5。

本次项目市国资委主要建设视频会议,因此主要用到1口和2口,2口接视频会议终端,3、4、5口配置作为预留配置,供后期业务开展使用。

加密机的默认路由下一跳为各个地市电子政务外网地址段的默认路由下一跳地址。

（2）安全配置

① 管理页面登录使用https,禁用http。

② 配置不同权限的账户,除了默认的管理员账户外,还应该配置安全管理员和审计管理员的账户。

③ 对设备的管理IP进行限制,只允许管理服务器的IP地址才能远程登录设备。地址为59.XX.XX.XX。

④ 启用登录超时限制,限制时间300秒。

⑤ 启用密码复杂度设置,密码长度至少为10位,密码元素的最

少组合类型为 3 种,至少要包含每种元素的个数为 2 个。

⑥ 启用账号登录失败处理设置,用户登录失败 3 次后,锁定 10 分钟。

⑦ 设置设备的 ntp 服务器,保持时间与 ntp 服务器时间统一。

⑧ 安全策略:

a. 阻止策略:阻止 any-any 的 135～139、445 端口访问。

b. 放行策略:放行地市视频会议终端到省国资委视频会议 MCU 的访问策略,服务 any。

c. 放行策略:放行省国资委视频会议 MCU 到地市视频会议终端的访问策略,服务 any。

d. 阻止策略:阻止 any-any 的任意端口服务。

2. 市国资委端防火墙

(1) 基本网络配置

市国资委端防火墙地址规划如表 3.10 所示。

表3.10　市国资委端防火墙地址规划

序号	单位名称	IP 地址	接口	互联地址	默认路由下一跳
1	A市国资委	Vlan4:1.11.180.252/24	1口	trunk(vlan2、3、4、5)	1.11.180.253
			2口	vlan2	
			3口	vlan3	
			4口	vlan4	
			5口	vlan5	
2	B市国资委	Vlan4:1.11.184.252/24	1口	trunk(vlan2、3、4、5)	1.11.184.253
			2口	vlan2	
			3口	vlan3	
			4口	vlan4	
			5口	vlan5	
3	C市国资委	vlan4:1.11.188.252/24	1口	trunk(vlan2、3、4、5)	1.11.188.253
			2口	vlan2	
			3口	vlan3	
			4口	vlan4	
			5口	vlan5	

续表

序号	单位名称	IP 地址	接口	互联地址	默认路由 下一跳
4	D 市国资委	vlan4:1.11.192.252/24	1口	trunk(vlan2、3、4、5)	1.11.192.253
			2口	vlan2	
			3口	vlan3	
			4口	vlan4	
			5口	vlan5	
5	E 市国资委	vlan4:1.11.196.252/24	1口	trunk(vlan2、3、4、5)	1.11.196.253
			2口	vlan2	
			3口	vlan3	
			4口	vlan4	
			5口	vlan5	
6	F 市国资委	vlan4:1.11.200.252/24	1口	trunk(vlan2、3、4、5)	1.11.200.253
			2口	vlan2	
			3口	vlan3	
			4口	vlan4	
			5口	vlan5	
7	G 市国资委	vlan4:1.11.204.252/24	1口	trunk(vlan2、3、4、5)	1.11.204.253
			2口	vlan2	
			3口	vlan3	
			4口	vlan4	
			5口	vlan5	
8	H 市国资委	vlan4:1.11.208.252/24	1口	trunk(vlan2、3、4、5)	1.11.208.253
			2口	vlan2	
			3口	vlan3	
			4口	vlan4	
			5口	vlan5	
9	I 市国资委	vlan4:1.11.212.252/24	1口	trunk(vlan2、3、4、5)	1.11.212.253
			2口	vlan2	
			3口	vlan3	
			4口	vlan4	
			5口	vlan5	
10	J 市国资委	vlan4:1.11.216.252/24	1口	trunk(vlan2、3、4、5)	1.11.216.253
			2口	vlan2	
			3口	vlan3	
			4口	vlan4	

序号	单位名称	IP 地址	接口	互联地址	默认路由 下一跳
			5 口	vlan5	
11	K 市国资委	vlan4:1.11.222.252/24	1 口	trunk(vlan2、3、4、5)	1.11.222.253
			2 口	vlan2	
			3 口	vlan3	
			4 口	vlan4	
			5 口	vlan5	
12	L 市国资委	vlan4:1.11.226.252/24	1 口	trunk(vlan2、3、4、5)	1.11.226.253
			2 口	vlan2	
			3 口	vlan3	
			4 口	vlan4	
			5 口	vlan5	
13	M 市国资委	vlan4:1.11.230.252/24	1 口	trunk(vlan2、3、4、5)	1.11.230.253
			2 口	vlan2	
			3 口	vlan3	
			4 口	vlan4	
			5 口	vlan5	
14	N 市国资委	vlan4:1.11.234.252/24	1 口	trunk(vlan2、3、4、5)	1.11.234.253
			2 口	vlan2	
			3 口	vlan3	
			4 口	vlan4	
			5 口	vlan5	
15	O 市国资委	vlan4:1.11.238.252/24	1 口	trunk(vlan2、3、4、5)	1.11.238.253
			2 口	vlan2	
			3 口	vlan3	
			4 口	vlan4	
			5 口	vlan5	
16	P 市国资委	vlan4:1.11.242.252/24	1 口	trunk(vlan2、3、4、5)	1.11.242.253
			2 口	vlan2	
			3 口	vlan3	
			4 口	vlan4	
			5 口	vlan5	

① 防火墙共使用 1、2、3、4、5 五个口,五个口均为桥模式。

② 如表 3.10 所示,防火墙 1 口连接加密机的 2 口,1 口交换模式设置为 trunk,在防火墙创建 vlan2、vlan3、vlan4、vlan5 四个 vlan,1 口

trunk模式允许新建的vlan2、vlan3、vlan4、vlan5数据通过,防火墙2、3、4、5口按照上表分别划分到vlan2、vlan3、vlan4和vlan5下,对应运行的业务为视频会议、数据上报客户端接入、企业内网接入和DMZ前置服务器。

③ 按照上表对vlan4进行IP地址设置,作为防火墙的管理地址1.11.XXX.252。

④ 路由配置:默认路由下一跳指向加密机vlan4的接口地址1.11.XXX.253。

(2) 安全配置

① 管理页面登录使用https,禁用http。

② 配置不同权限的账户,除了默认的管理员账户外,配置安全管理员和审计管理员的账户。

③ 对设备的管理IP进行限制,只允许管理服务器的IP地址才能远程登录设备。地址为1.3.200.6。

④ 启用登录超时限制,限制时间900秒。

⑤ 启用密码复杂度设置,密码长度至少为10位,密码元素的最少组合类型为3种,至少要包含每种元素的个数为2个。

⑥ 启用账号登录失败处理设置,用户登录失败3次后,锁定10分钟。

⑦ 设置设备的ntp服务器,保持时间与ntp服务器时间统一。

⑧ 安全策略:

a. 阻止策略:阻止any-any的135～139、445端口访问。

b. 放行策略:放行市国资委会议终端到省国资委视频会议MCU的访问策略,服务any。

c. 行策略:放行省国资委视频会议MCU到市国资委会议终端的访问策略,服务any。

d. 行策略:放行市国资委数据上报客户端到省国资委数据上报服务器的访问策略,服务HTTP、HTTPS、DNS。

e. 放行策略:放行管理地址到市国资委交换机的访问策略,服务

ICMP、SSH、SNMP。

f. 行策略:放行市国资委交换机到省国资委时间同步服务器的访问策略,服务 NTP。

g. 阻止策略:阻止 any-any 的任意端口服务。

3. 市国资委端交换机

(1)基本网络配置

市国资委端交换机地址规划如表3.11所示。

表3.11　市国资委端交换机地址规划

序号	单位名称	IP 地址	默认路由下一跳
1	A市国资委	1.11.180.254/24	1.11.180.253
2	B市国资委	1.11.184.252/24	1.11.184.253
3	C市国资委	1.11.188.252/24	1.11.188.253
4	D市国资委	1.11.192.252/24	1.11.192.253
5	E市国资委	1.11.196.252/24	1.11.196.253
6	F市国资委	1.11.200.252/24	1.11.200.253
7	G市国资委	1.11.204.252/24	1.11.204.253
8	H市国资委	1.11.208.252/24	1.11.208.253
9	I市国资委	1.11.212.252/24	1.11.212.253
10	J市国资委	1.11.216.252/24	1.11.216.253
11	K市国资委	1.11.222.252/24	1.11.222.253
12	L市国资委	1.11.226.252/24	1.11.226.253
13	M市国资委	1.11.230.252/24	1.11.230.253
14	N市国资委	1.11.234.252/24	1.11.234.253
15	O市国资委	1.11.238.252/24	1.11.238.253
16	P市国资委	1.11.242.252/24	1.11.242.253

① 交换机不进行vlan的划分,全部端口为默认的vlan1。

② 交换机1口接防火墙的2口,其余口用于接数据上报客户端。

③ 交换机管理IP地址按照上面表格地址规划进行配置。

④ 路由配置:添加默认路由下一条指向省国资委加密机vlan3的接口地址。

(2)安全配置

① 创建设备配置管理用户GLY,用于远程管理登录和console口

登录。

② 创建安全管理员账户 AQ，创建审计用户 SJ，以符合等级保护对不用用户权限的要求。

③ 禁用设备远程 telnet 登录，开启 ssh 登录，并对登录地址做限制，限制地址为 1.3.200.6。

④ console 口和 vty 口设置登录超时时间为 300 秒。

⑤ 启用密码策略功能，账号密码长度不小于 10 位，密码元素的最少组合类型为 3 种，至少要包含每种元素的个数为 2 个，配置用户登录失败 3 次后，锁定 10 分钟。密码有效期为 180 天，秘密历史记录为 4 次，即修改密码不能前 4 次任意一次密码相同。

⑥ 配置 ntp 时间服务器 1.3.200.1。

第4章 安徽省国资委国资国企在线监管系统的实现

4.1 配置文件

4.1.1 省国资委侧路由器

安徽省国资委侧路由器配置信息如下：

〈GzwTouter〉dis current-configuration

\#

version 7.1.064，Release 0707P16

\#

sysname GzwTouter

\#

ospf 1 router-id 1.1.3.1

area 0.0.0.0

network 1.1.2.0 0.0.0.255

network 1.1.3.1 0.0.0.0

network 1.2.100.1 0.0.0.0

\#

sysid MSR5660

\#

password-recovery enable

\#

vlan 1

#

controller Cellular2/0/0

#

interface Route-Aggregation1

　ip address 1.2.100.1 255.255.255.0

　link-aggregation selected-port maximum 1

#

interface NULL0

#

interface LoopBack0

　ip address 1.1.3.1 255.255.255.255

#

interface GigabitEthernet2/0/0

　port link-mode route

　combo enable copper

　link-aggregation port-priority 10

　port link-aggregation group 1

#

interface GigabitEthernet2/0/1

　port link-mode route

　combo enable copper

#

interface GigabitEthernet2/0/1.2

　description to-SSQY1

　ip address 1.1.2.5 255.255.255.252

　ospf authentication-mode simple cipher $c $3 $7ygdVnQCrmip

IvKLrd D0aHx8i8QK9CS+CqGr

　ospf network-type p2p

```
vlan-type dot1q vid 2
#
interface GigabitEthernet2/0/1.3
 description to-SSQY2
 ip address 1.1.2.9 255.255.255.252
 ospf authentication-mode simple cipher $c$3$5+itYolWJSOlo3
GCmn+kHby3Galrf627V8+7
 ospf network-type p2p
 vlan-type dot1q vid 3
#
interface GigabitEthernet2/0/1.4
 description to-SSQY3
 ip address 1.1.2.13 255.255.255.252
 ospf authentication-mode simple cipher $c$3$AkSO8bFyec+
EO4x4yc0QsKx848D9JPXCEVc9
 ospf network-type p2p
 vlan-type dot1q vid 4
#
interface GigabitEthernet2/0/1.5
 description to-SSQY4
 ip address 1.1.2.17 255.255.255.252
 ospf authentication-mode simple cipher $c$3$7Ps8M5PREY5
rnZMIxU9MKfkSnZBMlOBLoXvq
 ospf network-type p2p
 vlan-type dot1q vid 5
#
interface GigabitEthernet2/0/1.6
 description to-SSQY5
 ip address 1.1.2.21 255.255.255.252
```

ospf authentication-mode simple cipher $c $3 $gDOjQN99Ck/
F3gGiM+hbWoD/34Z9Xp1ZZUxt

ospf network-type p2p

vlan-type dot1q vid 6

#

interface GigabitEthernet2/0/1.7

description to-SSQY6

ip address 1.1.2.25 255.255.255.252

ospf authentication-mode simple cipher $c $3 $bl9lnI1iaqX579
ukrmLkwGuFuCze5Hll8TdJ

ospf network-type p2p

vlan-type dot1q vid 7

#

interface GigabitEthernet2/0/1.8

description to-SSQY7

ip address 1.1.2.29 255.255.255.252

ospf authentication-mode simple cipher $c $3 $HTGKdpFR6
vzYGOplDCQ/hselwi7rXTgmH6E6

ospf network-type p2p

vlan-type dot1q vid 8

#

interface GigabitEthernet2/0/1.9

description to-SSQY8

ip address 1.1.2.33 255.255.255.252

ospf authentication-mode simple cipher c3$4NNEyfeNsLNF
1xf9utxsAGcIXSIzfGbeZ6NR

ospf network-type p2p

vlan-type dot1q vid 9

#

interface GigabitEthernet2/0/1.10

description to-SSQY9

ip address 1.1.2.37 255.255.255.252

ospf authentication-mode simple cipher c3$SllvQqetE/IVGut

kl1OEc8u43TPYKO4WNcUx

ospf network-type p2p

vlan-type dot1q vid 10

#

interface GigabitEthernet2/0/1.11

description to-SSQY10

ip address 1.1.2.41 255.255.255.252

ospf authentication-mode simple cipher c3$1H1pAAcFVHe

XanSqhASPGtCSKItNnjUvieaa

ospf network-type p2p

vlan-type dot1q vid 11

#

interface GigabitEthernet2/0/1.12

description to-SSQY11

ip address 1.1.2.45 255.255.255.252

ospf authentication-mode simple cipher c3$k0E+gSFofW3qv

FRUxIu1qqgO7KMVQuX9GGjc

ospf network-type p2p

vlan-type dot1q vid 12

#

interface GigabitEthernet2/0/1.13

description to-SSQY12

ip address 1.1.2.49 255.255.255.252

ospf authentication-mode simple cipher c3$IQtx8JQ411aHG

VuoqQK/FlCtbwGhMW5zoWAZ

```
    ospf network-type p2p
    vlan-type dot1q vid 13
  #
    interface GigabitEthernet2/0/1.14
    description to-SSQY13
    ip address 1.1.2.53 255.255.255.252
    ospf authentication-mode simple cipher $c$3$gnimrNupW6YCB
VIM6＋SCENcIZhESi9HQKK8e
    ospf network-type p2p
    vlan-type dot1q vid 14
  #
    interface GigabitEthernet2/0/1.15
    description to-SSQY14
    ip address 1.1.2.57 255.255.255.252
    ospf authentication-mode simple cipher $c$3$qjYgl8wIs87hl0
cpyZKojq/mISVAy/4kXbzz
    ospf network-type p2p
    vlan-type dot1q vid 15
  #
    interface GigabitEthernet2/0/1.16
    description to-SSQY15
    ip address 1.1.2.61 255.255.255.252
    ospf authentication-mode simple cipher $c$3$f8dYw＋rXJWibrj
TnWFRqrdoTcovcA＋XPaHXr
    ospf network-type p2p
    vlan-type dot1q vid 16
  #
    interface GigabitEthernet2/0/1.17
    description to-SSQY16
```

ip address 1.1.2.65 255.255.255.252

ospf authentication-mode simple cipher c3$xugf8bbTj2q82M
9Ohk6Yy1a3ODlVHypaC7vV

ospf network-type p2p

vlan-type dot1q vid 17

\#

interface GigabitEthernet2/0/1.18

description to-SSQY17

ip address 1.1.2.69 255.255.255.252

ospf authentication-mode simple cipher c3$jRBiaJe9q6Bp2X4
JJ8IatcL＋3SFOFj6cpA7E

ospf network-type p2p

vlan-type dot1q vid 18

\#

interface GigabitEthernet2/0/1.19

description to-SSQY18

ip address 1.1.2.73 255.255.255.252

ospf authentication-mode simple cipher c3$6C9rAItDc＋CZ3
wki＋8pn5CuCVeVvUL0C8vtw

ospf network-type p2p

vlan-type dot1q vid 19

\#

interface GigabitEthernet2/0/1.20

description to-SSQY19

ip address 1.1.2.77 255.255.255.252

ospf authentication-mode simple cipher c3$wnO9UuH8Dz6E
1dh61566AAa02＋7dl8N5UM5H

ospf network-type p2p

vlan-type dot1q vid 20

```
#
interface GigabitEthernet2/0/1.21
 description to-SSQY20
 ip address 1.1.2.81 255.255.255.252
 ospf authentication-mode simple cipher $c$3$dKgufvNbRu+
5qs9NAOcaZkYIrbVB8w8PcAZi
 ospf network-type p2p
 vlan-type dot1q vid 21
#
interface GigabitEthernet2/0/1.22
 description to-SSQY21
 ip address 1.1.2.85 255.255.255.252
 ospf authentication-mode simple cipher $c$3$iQVfNEXcUyV7
b+WTioUwM72QnEcSaF0aF3Dx
 ospf network-type p2p
 vlan-type dot1q vid 22
#
interface GigabitEthernet2/0/1.23
 description to-SSQY22
 ip address 1.1.2.89 255.255.255.252
 ospf authentication-mode simple cipher $c$3$yF6e25tFqCQsg6
kr99pzefjSRl3DlHW+1lbb
 ospf network-type p2p
 vlan-type dot1q vid 23
#
interface GigabitEthernet2/0/1.24
 description to-SSQY23
 ip address 1.1.2.93 255.255.255.252
 ospf authentication-mode simple cipher $c$3$QOVcwJXXw0
```

bd＋JBTbQqrY4WuE1D6t＋ajNKb2

    ospf network-type p2p

    vlan-type dot1q vid 24

    ＃

    interface GigabitEthernet2/0/1.25

    description to-SSQY24

    ip address 1.1.2.98 255.255.255.252

    ospf authentication-mode simple cipher ＄c＄3＄CbtQoY0ThH＋

WsnIZdfZtidJpBCAgcrCWhRJc

    ospf network-type p2p

    vlan-type dot1q vid 25

    ＃

    interface GigabitEthernet2/0/1.26

    description to-SSQY25

    ip address 1.1.2.101 255.255.255.252

    ospf authentication-mode simple cipher ＄c＄3＄2ImVUZOCispG

75n5kz2fvUA26z＋LocwcrNnQ

    ospf network-type p2p

    vlan-type dot1q vid 26

    ＃

    interface GigabitEthernet2/0/1.27

    description to-SSQY26

    ip address 1.1.2.105 255.255.255.252

    ospf authentication-mode simple cipher ＄c＄3＄aSyeCHKDId/WU

IWOk7dyx4iMQBXjCYIDa6Bg

    ospf network-type p2p

    vlan-type dot1q vid 27

    ＃

    interface GigabitEthernet2/0/1.28

description to-SSQY27

ip address 1.1.2.109 255.255.255.252

ospf authentication-mode simple cipher c3$csnaEWJXn1pjF
ZPMk8u0CTvI8Lw＋laxbPUNY

ospf network-type p2p

vlan-type dot1q vid 28

#

interface GigabitEthernet2/0/1.29

description to-SSQY28

ip address 1.1.2.113 255.255.255.252

ospf authentication-mode simple cipher c3$YITfKLot＋vfGM
m2C4kzpNsQ2r/w34LrXuCeE

ospf network-type p2p

vlan-type dot1q vid 29

#

interface GigabitEthernet2/0/1.30

description to-SSQY29

ip address 1.1.2.117 255.255.255.252

ospf authentication-mode simple cipher c3$GPPSSpZK/ruP
cexFOmbRxB6CzxR3COdd0rph

ospf network-type p2p

vlan-type dot1q vid 30

#

interface GigabitEthernet2/0/1.31

description to-SSQY30

ip address 1.1.2.121 255.255.255.252

ospf authentication-mode simple cipher c3$1wJduihXfol9oy2L
0U4c7AG5zC39QRUdUVBA

ospf network-type p2p

vlan-type dot1q vid 31

#

interface GigabitEthernet2/0/2

 port link-mode route

 combo enable copper

 port link-aggregation group 1

#

interface GigabitEthernet2/0/3

 port link-mode route

 combo enable copper

#

interface GigabitEthernet2/0/4

 port link-mode route

 combo enable copper

#

interface GigabitEthernet2/0/5

 port link-mode route

 combo enable copper

#

interface GigabitEthernet2/0/6

 port link-mode route

 combo enable copper

#

interface GigabitEthernet2/0/7

 port link-mode route

 combo enable copper

#

interface GigabitEthernet2/0/8

 port link-mode route

```
 combo enable copper
#
interface GigabitEthernet2/0/9
 port link-mode route
 combo enable copper
#
interface M-GigabitEthernet0
#
interface Ten-GigabitEthernet2/0/10
 port link-mode route
#
interface Ten-GigabitEthernet2/0/11
 port link-mode route
#
 scheduler logfile size 16
#
line class console
 user-role network-admin
#
line class tty
 user-role network-operator
#
line class vty
 user-role network-operator
#
line con 0 1
 user-role network-admin
#
line vty 0 4
```

```
 authentication-mode scheme
 user-role network-operator
 protocol inbound ssh
 idle-timeout 5 0
#
line vty 5 63
 user-role network-operator
#
 ssh server enable
#
 ntp-service refclock-master 2
#
domain system
#
 domain default enable system
#
role name level-0
 description Predefined level-0 role
#
role name level-1
 description Predefined level-1 role
#
role name level-2
 description Predefined level-2 role
#
role name level-3
 description Predefined level-3 role
#
role name level-4
```

```
 description Predefined level-4 role
#
role name level-5
 description Predefined level-5 role
#
role name level-6
 description Predefined level-6 role
#
role name level-7
 description Predefined level-7 role
#
role name level-8
 description Predefined level-8 role
#
role name level-9
 description Predefined level-9 role
#
role name level-10
 description Predefined level-10 role
#
role name level-11
 description Predefined level-11 role
#
role name level-12
 description Predefined level-12 role
#
role name level-13
 description Predefined level-13 role
#
```

role name level-14

 description Predefined level-14 role

#

user-group system

#

local-user GLY class manage

 password hash h6$RD/9hiq2LDlaOdA1$5bMnptFKGZZD
TgRNWyiAiljAo7X9g/z3mUyTUcOGUanb4ULTw3lynFUcN/qfFM
HqV4iif+zPGcwu5Wp8FOSCwA==

 service-type ssh

 authorization-attribute user-role level-15

 authorization-attribute user-role network-operator

#

public-key peer 1.1.2.70

 public-key-code begin

    30819F300D06092A864886F70D010101050003818D00308189
02818100F62301D14FCE2F5B

    F5AA5967FE3B04F5444A29B4E89B1125D76FDAAEBC1B9
51206DAE7DA430DB2E6CADAE7E0BA

    C66CDF55A0271C176B33044BD1FF2BBF1BF07F6F4044E1
7AFE854DEB01C5FCACE72DA92F82

    E2407125E4F006395530B1B32047EF0DF0BD391093EA3DD
D60D78B657D34BF2ECC7E0DE662

    CE2006DF9EFF3F1D710203010001

 public-key-code end

 peer-public-key end

#

public-key peer 1.1.3.3

 public-key-code begin

30819F300D06092A864886F70D010101050003818D00308189
02818100D4E1F84C8ECE699E

5493FFE0ECBC632233F5F8FD721FE10E9495DF23915F387
5FF83ADBEA92023E5A1962B21BA

10CD2B6692EA388113725E9B6A9F0A87A38076F6674FE9F
520200525BF9DC7EF80AE42DDB7

E30D0FDDA62B2994DD741FC69A13A10D35513E0A1CAA
74C49B406242776BF1D7457326178E

59207E4F251DD0A4D30203010001

public-key-code end

peer-public-key end

#

public-key peer 127.0.0.1

public-key-code begin

30819F300D06092A864886F70D010101050003818D00308189
02818100DC854A2070120F05

A1297AF2A84AC9B159BFE3973807D8AC903D87E5AA0E5
D911765B05EB24ACA42EFCE7FFFF0

0BBA30D4C0ED8BA8DF6C3BF4A5868446F2AE98652A3F2
EE5E191FCA9FE72FD9DDFAFECCF80

E45A68D3991889F2F9A00BA6788622B65A667169F9F316F8
F2784A4E9F7E68450C96F631FE

6C5A71A3AB2996586F0203010001

public-key-code end

peer-public-key end

#

Return

4.1.2 省属企业侧路由器

安徽省属企业侧路由器配置信息如下：

[SSQY1]dis cur

\#

 version 7.1.064，Release 0707P21

\#

 sysname SSQY1

\#

ospf 1 router-id 1.1.3.3

 area 0.0.0.0

  network 1.1.2.6 0.0.0.0

  network 1.1.3.3 0.0.0.0

 area 0.0.0.2

  network 1.2.102.1 0.0.0.0

\#

 dhcp server always-broadcast

\#

 password-recovery enable

\#

vlan 1

\#

controller Cellular0/0

\#

interface NULL0

\#

interface LoopBack0

 ip address 1.1.3.3 255.255.255.255

```
#
interface GigabitEthernet0/0
 port link-mode route
 ip address 1.1.2.6 255.255.255.252
 ospf authentication-mode simple cipher $c $3 $pOXwIFSWF/
4x6a5KXM0r1KY7zkHIvR3UTxam
 ospf network-type p2p
 tcp mss 1280
#
interface GigabitEthernet0/1
 port link-mode route
 ip address 1.2.102.1 255.255.255.0
#
interface GigabitEthernet0/2
 port link-mode route
 combo enable copper
#
interface GigabitEthernet0/3
 port link-mode route
 combo enable copper
#
interface GigabitEthernet0/4
 port link-mode route
#
interface GigabitEthernet0/5
 port link-mode route
#
 scheduler logfile size 16
#
```

```
line class console
 user-role network-admin
#
line class tty
 user-role network-operator
#
line class usb
 user-role network-admin
#
line class vty
 user-role network-operator
#
line con 0
 authentication-mode scheme
 user-role network-admin
#
line vty 0 4
 authentication-mode scheme
 user-role network-operator
 protocol inbound ssh
#
line vty 5 63
 authentication-mode scheme
 user-role network-operator
#
ssh server enable
#
undo password-control aging enable
undo password-control history enable
```

password-control length 6

password-control login-attempt 3 exceed lock-time 10

password-control update-interval 0

password-control login idle-time 0

password-control complexity user-name check

#

domain system

#

 domain default enable system

#

role name level-0

 description Predefined level-0 role

#

role name level-1

 description Predefined level-1 role

#

role name level-2

 description Predefined level-2 role

#

role name level-3

 description Predefined level-3 role

#

role name level-4

 description Predefined level-4 role

#

role name level-5

 description Predefined level-5 role

#

role name level-6

```
 description Predefined level-6 role
#
role name level-7
 description Predefined level-7 role
#
role name level-8
 description Predefined level-8 role
#
role name level-9
 description Predefined level-9 role
#
role name level-10
 description Predefined level-10 role
#
role name level-11
 description Predefined level-11 role
#
role name level-12
 description Predefined level-12 role
#
role name level-13
 description Predefined level-13 role
#
role name level-14
 description Predefined level-14 role
#
user-group system
#
local-user admin class manage
```

```
    password hash $h$6$＋8lKGq/M2upi2FHI$a4SNrKXNtocO5
8B8dfQdvnnlSmF4vTYzyKjT5oSzaemUpI＋j73L3Q＋9gk7
nrysvTNFkNmMWR3YIGWnqve/a8cA＝＝
    service-type telnet http
    authorization-attribute user-role network-admin
 ＃
local-user GLY class manage
    password hash $h$6$k0DZv9etqpKbHBBv$CKpn6YALaFM
cca0rQYHQfBvKldstP145haqtyXkpoA31NZUo7Vbavt2uRd9KCW9＋
0pIkocmqdLcebwD6Ew0JLg＝＝
    service-type ssh terminal
    authorization-attribute user-role level-15
    authorization-attribute user-role network-operator
 ＃
 ip http enable
 ＃
wlan global-configuration
 ＃
wlan ap-group default-group
 vlan 1
 ＃
return
```

4.1.3　加密机(省属企业、市国资委)

4.1.3.1　设备登录

在浏览器中地址栏中输入:https://1.2.XXX.XXX/加密机管理地址。各省属企业、市国资委加密机管理地址信息见表3.1中的安徽省属企业路由及加密机地址规划信息表中加密机管理地址。

4.1.3.2 设备管理地址限制

加密机允许用户通过可信主机和可信MAC设置可以登录和管理加密机的用户终端的IP地址和MAC地址,以及信任主动与加密机通信的SNMP服务器。管理端口用于设置登录服务的端口号。

1. 添加可信主机

可信主机功能用于设置可以登录加密机的主机IP地址和可以使用的管理服务。此功能开启后,仅可信主机 IP 范围内的主机可以登录加密机。此功能默认开启。管理该功能后将不再限制登录加密机的主机IP。

加密机默认的可信主机IP地址为 10.0.0.44。首次登录加密机时,用户必须将管理主机的IP地址配置为 10.0.0.44。

步骤1 选择"系统配置 → 设备管理 → 管理主机"。

步骤2 在"可信主机"页面,单击"添加"。

步骤3 设置可信主机的IP地址和允许的服务。

当可信主机地址范围显示为 0.0.0.0~255.255.255.255,服务为"设备管理"时,代表任意一个IP地址的主机均可连接管理本台加密机。建议用户在日常的维护中精确配置可信主机范围。避免信任的IP地址登录管理您的加密机。

步骤4 配置完成后,单击"确定"。

步骤5 选中"启用"。

加密机默认启用可信主机功能。若要关闭此功能,取消选中"启用",则可信主机的配置不生效,所有主机都可以管理加密机。

2. 添加可信MAC

用户不仅可以通过IP地址来限制可管理加密机的主机范围,同时还可以通过指定MAC地址来限制可管理加密机的 MAC 地址范围。

该功能默认关闭。此功能必须开启后才能生效。启用可信MAC后,登录设备的MAC地址必须为可信 MAC,才可管理加密机。

步骤1　选择"系统配置 → 设备管理 → 管理主机"。

步骤2　单击"可信MAC"。

步骤3　单击"添加"。

步骤4　设置可信主机的MAC地址。

MAC地址格式为AA:AA:AA:AA:AA:AA,最多可添加64个可信MAC地址。不支持填写MAC地址范围。

步骤5　配置完成后,单击"确定"。

配置好的可信MAC地址在可信MAC地址列表中显示。可以对添加的MAC地址进行修改和删除操作。

步骤6　选中"启用",开启可信MAC功能。

默认该功能不开启。只有开启后该功能才生效。

3. 设置管理端口

设置通过Telnet、SSH、HTTP或HTTPS管理加密机的端口。

步骤1　选择"系统配置 → 设备管理 → 管理主机"。

步骤2　单击"管理端口"。

步骤3　查看或修改管理端口。

默认的登录协议的管理端口为默认的知名端口。用户可以对管理端口进行修改(图4.1)。请确保使用通信协议的两端设置的管理端口一致。

图4.1　默认的登录协议的管理端口界面

4.1.3.3　设备密码策略

管理设置用于提高管理账号和系统的安全性。

步骤1　选择"系统配置 → 设备管理 → 登录设置"。

步骤2 设置超时参数和安全参数(图4.2)。

步骤3 设置完成后,单击"应用"。

用户的密码策略设置为:10位及以上,包含字母、数字、特殊符号组合。用户登录输入5次错误密码,登录IP被锁定。

图4.2 设备密码策略配置界面

4.1.3.4 设备登录超时设置

管理设置用于提高管理账号和系统的安全性。

步骤1 选择"系统配置 → 设备管理 → 登录设置"。

步骤2 设置登录超时时间,设备登录超时时间为10分钟(图4.3)。

步骤3 设置完成后,单击"应用"。

登录设置

登录超时时间	10	* (0-1440分,0表示永久不超时)
密码有效期	0	* (0-365天,0表示密码永久不过期)
密码最小长度	10	* (10-127)
复杂度	☑包含字母 ☑包含数字 ☑包含特殊字符(不包括空格、问号、单引号、双引号、反斜杠)
配置登录安全策略	☑启用
允许失败次数	5	* (3-5次,达到此次数后该IP或用户名会被动态锁定)
两次登录失败间隔	30	* (1-100秒)
登录锁定时间	3600	* (60-3600秒)
锁定方式	IP锁定 ∨	(改变锁定方式后锁定列表会被清空)
认证管理员证书	□启用(仅对HTTPS方式登录的管理员生效)

应用

图4.3 登录超时时间配置界面

4.1.3.5　设备不同权限账号(三权分立)

步骤1　选择"系统配置 → 设备管理 → 管理账号"。

步骤2　单击"添加"。

步骤3　配置管理员参数。

步骤4　配置完成后单击"确定"。

配置好的管理员在管理员列表中显示。可以对自定义的管理员进行修改、删除、查询等操作。

分配三权分立账号:auditadmin 审计管理员、secadmin 安全管理员、sysadmin 系统管理员(图4.4)。

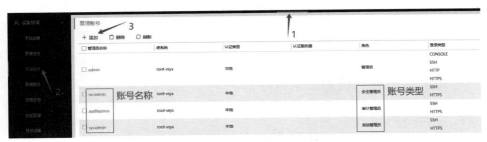

图4.4　三权分立账号配置界面

4.1.3.6　安全策略

配置好的安全策略在安全策略列表中显示。可以看到配置好的安全策略的名称、源安全域、目的安全域、源地址/地区、目的地址/地区、服务、应用、时间、安全配置文件、动作、命中数。

可以在列表中设置开启或关闭某条安全策略。

对于安全策略列表中的安全策略可以进行复制、删除、调序、清除命中数、搜索、刷新等操作。

步骤1　选择"策略配置 → 安全策略"。

步骤2　单击"添加"。

步骤3　配置安全策略参数(图4.5)。

步骤4　配置完成后,单击"确定"。

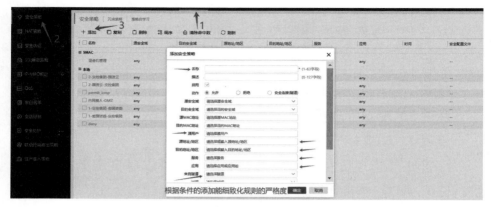

图4.5　安全策略配置界面

4.1.3.7　日志审计

日志外发功能用于进行日志转储。通过将历史日志转储到日志服务器上可以保存历史日志。日志外发功能支持为不同日志类型、日志等级的日志分别设置日志服务器。

1. 全局设置

步骤1　选择"数据中心 → 日志设置 → 日志外发"。

步骤2　选择全局设置条件。

若全局设置条件选择"全部",则统一指定所有的服务器类型所使用的服务器。

若全局设置条件选择"自定义",单击日志文本框,在可选区域框中选择一种或多种要配置的日志类型并指定服务器。指定完成后,对应列表中的服务器变为指定的服务器。

步骤3　配置完成后,单击"应用"。

2. 在列表中选择

步骤1　选择"数据中心 → 日志设置 → 日志外发"。

步骤2　直接在日志服务器列表中进行设置。

可以对不同日志类型、不同日志等级设置不同的日志服务器(图4.6)。

图 4.6　日志外发服务配置界面

步骤 3　设置完成后,单击"应用"。

将加密机产生的日志信息上传到日志管理平台,并保存 180 天

4.1.3.8　协议安全

在配置 SNMP 功能时,需要确定使用哪个版本的 SNMP 协议,以便加密机同 SNMP 服务器使用的 SNMP 版本保持一致。

步骤 1　选择"系统配置 → SNMP → SNMP 设置"。

步骤 2　启用 SNMP。

只有选中"启用"后 SNMP 的配置才生效(图 4.7)。

步骤 3　设置 SNMP 通用参数。

步骤 4　根据 SNMP 服务器的 SNMP 版本选择配置相应参数。

图 4.7　SNMP 配置界面

4.1.3.9　IPSec VPN 配置

1. IKE 提议配置

IKE 提议当中是具体的 IKE 协商参数，支持加密算法 DES、3DES、AES128、AES256 及国密加密算法 SM1、SM4，验证算法 MD5、SHA1 及国密验证算法 SM3。DH 组支持 Group1、2、5，IKE 协商成功后的生存时间，超时之后如果防火墙是 IKE 协商阶段的发起者，将会发起 IKE 协商请求，再次建立 IKE 连接。生存时间默认为86400 秒，支持用户自定义，范围为 300～86400。IKE 提议是支持预共享密钥与证书两种认证方式的多种组合配置。

步骤 1 选择"网络配置 → VPN → IPSec 自动隧道 → IKE 提议"。

步骤 2 单击"添加"。

步骤 3 配置 IKE 提议参数（图 4.8）。

步骤 4 配置完成后，单击"确定"。

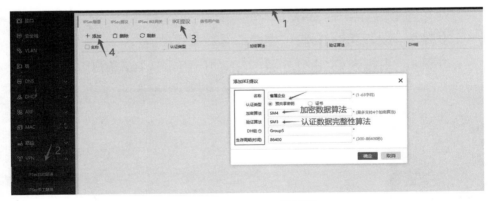

图 4.8　IKE 提议配置界面

2. IKE 网关配置

IKE 网关是 IKE 提议与 IKE 对等体的所有配置的集合体现。支持主模式、野蛮模式及国密模式、地址模式四种 ID 类型，支持证书与预共享密钥认证。同时支持三种可选连接类型、NAT-T 穿越部署及对端存活检测。IKE 网关支持通过在查询输入框中输入 IKE 网关的名称,查询相应IKE网关并展示查询结果。同时,用户可以查看该模块的引用次数及引用模块信息。

步骤1 选择"网络配置 → VPN → IPSec自动隧道 → IPSec IKE网关"。

步骤2 单击"添加"。

步骤3 配置IKE网关(图4.9)。

步骤4 配置完成后,单击"确定"。

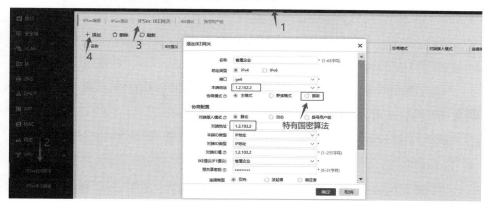

图4.9 IKE网关配置界面

在图4.9中:

名称:指定IKE网关的名称。

接口:选择用来建立IPSec VPN隧道的接口。本端IP地址选择建立IPSec VPN隧道的接口IP地址。

选择auto时:作为发起者,默认使用接口上第一个类型为float的地址;作为接收者,默认使用接口上的任意一个IP地址。

协商模式有四种:

① 主模式:

双方都为静态IP时,可选择为主模式。本端ID与对端不是必填项。

② 野蛮模式:

双方都为静态IP时,可选择野蛮模式,相比主模式,协商过程快捷。

一方地址不固定,为动态地址时,选择野蛮模式,且需要指定本端 ID 与对端 ID。

③ 国密模式:

选择国密模式,需防火墙配有国密加密卡方可使用。国密模式需要指定本地加密证书、本地签名证书、对端可信 CA,其中对端可信 CA 为必选项。本地加密证书、本地签名证书、对端可信 CA 需提前在【PKI】→【证书管理】中导入。

④ 地址模式有静态和动态两种。

静态地址:对端 IKE 网关地址为静态固定 IP 地址。选择此项后,需要指定对端 IKE 网关 IP 地址。

动态地址:对端 IKE 网关地址为动态地址,不固定。选择此项后,需要指定本端 ID 与对端 ID。

拨号用户组:对端为客户端。选择此项后,需要指定本端 ID 与对端 ID。

本端 ID:防火墙本端的 ID 号,选择 NULL,表示没有 ID 号。无特殊要求的情况下,用户如果需要使用 ID 作为身份标识来建立 IPSec VPN,通常都选用 FQDN 类型。

对端 ID:防火墙对端的 ID 号,选择 NULL,表示没有 ID 号。无特殊要求的情况下,用户如果需要使用 ID 作为身份标识来建立 IPSec VPN,通常都选用 FQDN 类型。

IKE 提议(P1 提议):IKE 阶段的算法及 group 组提议。用户可以在【IKE 提议】中自定义,也可以选择防火墙预定义好的组合。

3. IPSec提议配置

IPSec 提议当中有具体的 IKE 第二阶段协商参数,支持 ESP、AH 协议,支持加密算法 DES、3DES、AES128、AES256 及国密加密算法 SM1、SM4,支持验证算法 MD5、SHA1 及国密验证算法 SM3。DH 组支持 Group1、2、5,完美向前保护(PFS),以及 300~86400 秒的生存时间和基于流量的 IPSec 隧道更新控制。

步骤1 选择"网络配置 → VPN → IPSec 自动隧道 → IPSec

提议"。

步骤2　单击"添加"。

步骤3　配置IPSec提议(图4.10)。

步骤4　配置完成后,单击"确定"。

图4.10　IPSec提议配置界面

在图4.10中:

名称:指定IPSec提议的名称。

协议:协议分为ESP、AH两种。选择ESP协议需要用户指定加密算法、验证算法。选择AH协议需要用户指定验证算法,AH协议不加密。

加密算法:加密算法支持 DES、3DES、AES128、AES256四种及国密算法 SM1、SM4两种,建议用户尽量不要使用DES算法。两端此处配置需保持一致。

验证算法:验证算法支持MD5、SHA1两种及国密算法SM3。两端此处配置需保持一致。

压缩算法有两种:① NULL:压缩算法为空;② Deflate:一种无损数据压缩算法。两端此处配置需保持一致。

PFS组:完美向前保护功能,开启此功能用户需要指定PFS所使用的DH组,用户也可以选择关闭此功能。DH组支持Group1、2、5三种。两端此处配置需保持一致。采用国密算法协商时,可忽略此项配置。

生存时间：IPSec 协商成功后的生存时间，超时之后如果防火墙开启了自动连接功能，将会发起 IPSec 协商请求，再次建立 IPSec 连接。生存时间默认为 86400 秒，支持用户自定义，范围为 300~86400。

生存大小：指定生存大小的上限值，超过上限值之后，IPSec 提议将失效。生存大小计算的是接收数据与发送数据总和。勾选启用生存大小，不勾选则不启用。启用生存大小之后，需要指定生存大小的上限值。

4. IPSec 隧道配置

IPSec 隧道主要是 IPSec 第二阶段的协商参数管理以及 IPSec 隧道整体的使用策略及备高级可选选项设置。在 IPSec 隧道及提议列表中，用户可以添加、编辑、删除、查询 IPSec 隧道及提议策略，并查看 IPSec 隧道及提议被引用的次数及引用模块名称。IPSec 隧道支持通过在查询输入框中输入 IPSec 隧道的名称，查询相应 IPSec 隧道并展示查询结果。

步骤1 选择"网络配置 → VPN → IPSec 自动隧道 → IPSec 隧道"。

步骤2 单击"添加"。

步骤3 配置 IPSec 隧道（图 4.11）。

步骤4 配置完成后，单击"确定"。

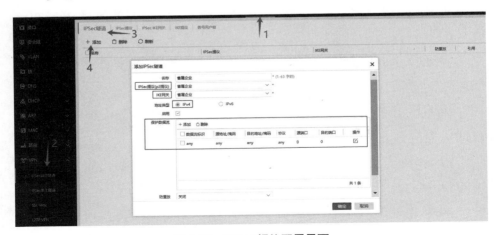

图 4.11 IPSec 提议配置界面

IPSec(P2)提议:IPSec阶段的算法及group组提议。用户可以在【IPSec提议】中自定义,也可以选择防火墙预定义好的组合。IKE网关选择需要与IPSec协商阶段配合使用的IKE网关名称。启用IPSec隧道协商启用按钮,勾选启用,不勾选则不启用。

保护数据流:选择IPSec隧道要保护的数据流、选择手动,需要用户指定源地址、源地址子网掩码、目的地址、目的地址子网掩码。

防重放:防止重放攻击配置,防止攻击者利用已经建立的隧道欺骗防火墙,劫持用户的隧道内会话。32、64、128、256、512代表可接收序列号的窗口大小。窗口越大,防重放检测的范围越大。例如防重放设置为32,防火墙收到请求协商的报文时,上次接收的协商报文序列号是52,那么,这次接收的协商报文序列号在20之前的就全部丢弃,在20~52之间重复出现的序列号直接丢弃。收到52以后的,窗口大小往后移动,比如这次收到的数据包序列号是55,那么窗口的检测范围后移到23~55。

自动连接:勾选自动连接,IPSec密钥超时之后,防火墙将会自动发起IPSec协商请求。

DHCP over IPSec:在建立客户端到网关的IPSec VPN时,启用DHCP over IPSec功能,防火墙将会给请求建立IPSec VPN隧道的客户端分配IP地址。该功能需配合客户端地址池使用。

5. tun隧道口配置

隧道接口默认工作在路由模式。主要功能是在VPN环境中,协助组播和多播协议完成转发。用户在配置隧道接口时,需要指定绑定的隧道名称。通常情况下,两台网神防火墙之间可以通过隧道接口进行逻辑上的联通。因此,同一条逻辑隧道链路上两端的隧道接口IP地址需要配置在同一个网段。同时,当用户具体环境需要填写基于隧道接口的静态路由时,可以在【静态路由】中选择【出接口】,来指定隧道接口。

步骤1　选择"网络配置 → 接口"。

步骤2　单击"添加 → 隧道接口"。

步骤3 配置隧道接口(图4.12)。

步骤4 配置完成后,单击"确定"。

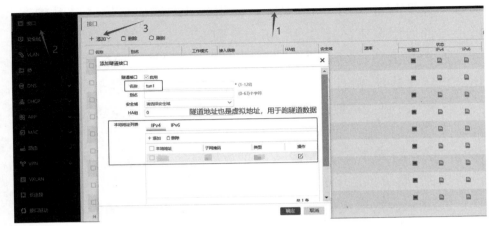

图4.12 隧道接口配置界面

4.1.4 防火墙(省属企业、市国资委)

4.1.4.1 设备登录

以安徽省属企业1为例,在浏览器地址栏中输入:"https://1.11.36.252/"省属企业1防火墙的管理地址。各省属企业、市国资委加密机管理登录地址信息见表3.3防火墙接口配置信息表。

4.1.4.2 设备管理地址限制

步骤1 选择"系统配置 → 设备管理 → 管理主机"。

步骤2 单击"添加"。

步骤3 添加可信主机(图4.13)。

步骤4 配置完成后,单击"确定"

启用可信主机之后,只有添加过后的主机IP地址才能够管理。

图4.13 管理主机配置界面

4.1.4.3 设备密码策略

用户的密码策略设置为:10位及以上,包含字母、数字、特殊符号组合。

用户登录输入5次错误密码,登录IP被锁定。

步骤1 选择"系统配置 → 设备管理 → 登录设置"。

步骤2 修改设备密码策略(图4.14)。

步骤3 修改完成后,单击"应用"。

图4.14 设备密码策略配置界面

4.1.4.4 设备登录超时设置

设备登录超时时间为10分钟。

步骤1 选择"系统配置 → 设备管理 → 登录设置"。

步骤2 修改设备登录超时设置。(图4.15)。

步骤3 修改完成后,单击"应用"。

登录设置

登录超时时间	10	* (0-1440分, 0表示永久不超时)
密码有效期	0	* (0-365天, 0表示密码永久不过期)
密码最小长度	10	* (10-127)
复杂度	☑包含字母 ☑包含数字 ☑包含特殊字符 (不包括空格、问号、单引号、双引号、反斜杠)	
配置登录安全策略	☑启用	
允许失败次数	5	* (3-5次, 达到此次数后该IP或用户名会被动态锁定)
两次登录失败间隔	30	* (1-100秒)
登录锁定时间	3600	* (60-3600秒)
锁定方式	IP锁定 ∨	(改变锁定方式后锁定列表会被清空)
认证管理员证书	☐启用(仅对HTTPS方式登录的管理员生效)	

应用

图4.15　设备密码策略配置界面

4.1.4.5　设备不同权限账号(三权分立)

分配三权分立账号:auditadmin 审计管理员、secadmin 配置管理员、sysadmin 系统管理员(图4.16)。

步骤1　选择"系统配置 → 设备管理 → 管理账号"。

步骤2　单击"添加"。

步骤3　配置管理员参数。

步骤4　配置完成后单击"确定"。

配置好的管理员在管理员列表中显示。可以对自定义的管理员进行修改、删除、查询等操作。

图4.16　管理账号配置界面

4.1.4.6 安全策略

步骤1 选择"策略配置 → 安全策略"。

步骤2 单击"添加"。

步骤3 配置安全策略参数(图4.17)。

步骤4 配置完成后,单击"确定"。

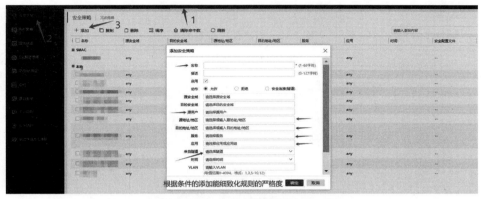

图4.17 安全策略配置界面

4.1.4.7 日志审计外发

将防火墙产生的日志信息上传到日志管理平台,并保存180天以上。

步骤1 选择"数据中心 → 日志 → 日志设置 → 日志外发"。

步骤2 配置日志外发(图4.18)。

步骤3 配置完成后,单击"应用"。

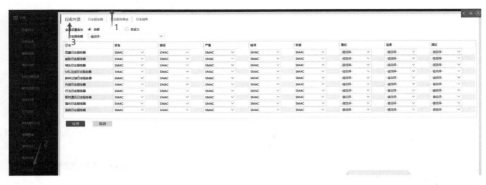

图4.18　日志外发配置界面

日志服务器可以指向日志服务器地址和端口号。

步骤1　选择"数据中心 → 日志 → 日志设置 → 日志服务器"。

步骤2　单击"添加"。

步骤3　配置日志服务器(图4.19)。

步骤4　配置完成后,单击"确定"。

图4.19　日志服务器配置界面

4.1.4.8　协议安全

SNMP参数配置,并配置只读团体字。

步骤1　选择"系统配置 → SNMP → SNMP设置"。

步骤2　单击"启用"。

步骤3　配置SNMP参数(图4.20)。

步骤4　配置完成后,单击"应用"。

图 4.20　SNMP 设置界面

4.1.5　交换机(省属企业、市国资委)

以省属企业 1 为例,交换机配置信息如下:

〈SSQY1〉dis cur

#

 version 7.1.070, Release 6126P20

#

 sysname SSQY1

#

 clock timezone beijing add 08:00:00

 clock protocol none

#

 irf mac-address persistent timer

 irf auto-update enable

 undo irf link-delay

 irf member 1 priority 1

#

lldp global enable

\#

 password-recovery enable

\#

vlan 1

\#

vlan 2

\#

 stp global enable

\#

interface NULL0

\#

interface vlan-interface1

 ip address 1.11.36.254 255.255.255.0

\#

interface GigabitEthernet1/0/1

\#

interface GigabitEthernet1/0/2

\#

interface GigabitEthernet1/0/3

 shutdown

\#

interface GigabitEthernet1/0/4

 shutdown

\#

interface GigabitEthernet1/0/5

 shutdown

\#

interface GigabitEthernet1/0/6

```
shutdown
#
interface GigabitEthernet1/0/7
 shutdown
#
interface GigabitEthernet1/0/8
 shutdown
#
interface GigabitEthernet1/0/9
 shutdown
#
interface GigabitEthernet1/0/10
 shutdown
#
interface GigabitEthernet1/0/11
 shutdown
#
interface GigabitEthernet1/0/12
 shutdown
#
interface GigabitEthernet1/0/13
 shutdown
#
interface GigabitEthernet1/0/14
 shutdown
#
interface GigabitEthernet1/0/15
 shutdown
#
```

interface GigabitEthernet1/0/16

 shutdown

#

interface GigabitEthernet1/0/17

 port access vlan 2

#

interface GigabitEthernet1/0/18

 port access vlan 2

#

interface GigabitEthernet1/0/19

 port access vlan 2

#

interface GigabitEthernet1/0/20

 port access vlan 2

#

interface GigabitEthernet1/0/21

 port access vlan 2

#

interface GigabitEthernet1/0/22

 port access vlan 2

#

interface GigabitEthernet1/0/23

 port access vlan 2

#

interface GigabitEthernet1/0/24

 port access vlan 2

#

interface GigabitEthernet1/0/25

#

```
interface GigabitEthernet1/0/26
#
interface GigabitEthernet1/0/27
#
interface GigabitEthernet1/0/28
#
 scheduler logfile size 16
#
line class aux
 user-role network-admin
#
line class vty
 user-role network-operator
#
line aux 0
 authentication-mode scheme
 user-role network-admin
#
line vty 0 4
 authentication-mode scheme
 user-role network-operator
 protocol inbound ssh
#
line vty 5 63
 user-role network-operator
#
 ip route-static 0.0.0.0 0 1.11.36.253
#
 ssh server enable
```

```
#
radius scheme system
 user-name-format without-domain
#
domain system
#
 domain default enable system
#
role name level-0
 description Predefined level-0 role
#
role name level-1
 description Predefined level-1 role
#
role name level-2
 description Predefined level-2 role
#
role name level-3
 description Predefined level-3 role
#
role name level-4
 description Predefined level-4 role
#
role name level-5
 description Predefined level-5 role
#
role name level-6
 description Predefined level-6 role
#
```

```
role name level-7
 description Predefined level-7 role
#
role name level-8
 description Predefined level-8 role
#
role name level-9
 description Predefined level-9 role
#
role name level-10
 description Predefined level-10 role
#
role name level-11
 description Predefined level-11 role
#
role name level-12
 description Predefined level-12 role
#
role name level-13
 description Predefined level-13 role
#
role name level-14
 description Predefined level-14 role
#
user-group system
#
local-user GLY class manage
  password hash $h$6$lHQMI/wZ7suRDzg5$CDtDtZZWXomn
AxTBcyhoHFg6rFCThvHnzTRfaxBU03o/MOUPmt2K0Uv4
```

GqiYfgXO2n4RENy2TAQ8FaM9uXqnWQ==

    service-type ssh terminal

    authorization-attribute user-role level-15

    authorization-attribute user-role network-operator

    #

    local-user AQ class manage

    password hash h6$b5yQOsxi3yeAJFX1$FkeMx/mx9LaV4
GXDvxEvQE/4twIyZRDTQiAjjVRb62Eld3DyNll66A7lL3
dZDLlCSpYOF9YGn7ORBrle8sdn8Q==

    service-type ssh

    authorization-attribute user-role security-audit

    #

    local-user SJ class manage

    password hash h6$WEX4adwBX8EHoSnK$dR2ay5u/99vxo
1n8mGy4uKF5D5tGsnEcocvfOZuS68WLbrTVDx/PF2ewmP/
VI64I2MwSKNEvHEEemeUnE2dRTg==

    authorization-attribute user-role level-10

    authorization-attribute user-role network-operator

    #

    return

4.2　系统调试与测试

4.2.1　debug crypto isakmp和debug cryto ipsec

通过debug crypto isakmp和debug cryto ipsec来查看IKE SA和IPSec SA的动态协商过程,具体分析在此不多作介绍,有关IKE SA

和IPSec SA的动态协商过程在前面第4章的中做了详细的分析与描述,此处仅针对本设计协商过程的调试,但其中的内容与前面的协商原理是相同的。debug出来的信息,也正是本设计整体拓扑的一部分,即其中一个分支机构与总部的VPN通信,所以此处针对IPSec VPN的协商会话便不再描述。

4.2.2　本研究系统的测试截图与分析

4.2.2.1　安徽省国资委端测试

笔记本接运维管理区域,IP地址配置1.3.XXX.XXX,子网掩码:255.255.255.0,网关:1.3.XXX.XXX,测试企业侧路由器:ssh 1.1.3.XXX,省属企业、市国资委侧加密机:https://10.188.XXX.XXX,企业侧防火墙:https://1.11.XXX.252,企业侧交换机:ssh 1.11.XXX.254。确定均能正常管理,则网络没有问题,否则需排查故障。

4.2.2.2　安徽省属企业、市国资委端测试

笔记本电脑端接省属企业、市国资委侧防火墙2口,IP地址配置:1.1.XXX.100,子网掩码:255.255.255.0,网关:1.1.XXX.253。进行ping 1.1.XXX.XXX测试,ping通说明视频会议连通性没有问题。如不通,需排查问题。

笔记本电脑端接省属企业、市国资委交换机2口,IP地址配置:1.11.XXX.100,子网掩码:255.255.255.0,网关:1.11.XXX.253。进行ping 1.3.XXX.XXX测试,ping通说明业务终端访问省国资委业务连通性没有问题。如不通,需排查问题。

4.3　测　试　结　果

　　经测试,安徽省国资委与各省属企业、各市国资委网络之间,以国密 SM算法的 VPN通道建立成功。安徽省国资委与各省属企业、各市国资委各业务数据交互正常。

第5章　监管系统的设计要点

5.1　隧道技术要点

隧道技术原理和配置非常简单,也很容易理解,但是这里要说明的不是单单一个GRE隧道的技术问题,而是其在整个系统的作用要点。本书一开始就提到,单独使用IPSec存在的一个最大的缺憾就是其只支持单播流量,而不支持组播和广播流量。为了解决在大型网络环境下IPSec这种网络运行效率的不足,就引入了GRE技术与其相结合的方式,因为GRE技术支持组播和广播流量即非IP数据流。

因此,在设计与实施中,主要的工作原理如下:将一个完整的组播、广播数据包或非IP数据包封装在一个单播数据包里,以处理如静态路由、动态路由等数据流,以完成在IPSec隧道里通信实体之间的路由学习。

在实际的配置中,隧道技术结合IPSec技术配置的要点:

(1)两端VPN网关配置隧道使用tunnel虚拟接口,指定源和目的端,以处理IP和IPX的问题。

(2)将虚拟接口IP地址通告到动态路由协议中,动态路由协议将通过Tunnel网络向对端通告自己所连接的网络,以及学习到对端本身和对端所连接网络的路由。

(3)配置IPSec时,正如前文中描述及配置的那样,只需要将感兴趣流配置为针对 GRE 协议的感兴趣流。

（4）最后要记得在外部接口允许 IPSec 的流量。

5.2 加密技术要点

在设计过程中，涉及的 VPN 加密则是通过 IPSec 技术进行加密的。前文中已经描述过，与 IPSec 有关的安全协议常见的有 AH 和 ESP，前文中已经分别对二者进行详细论述，并做了相关比照说明。由于 AH 只提供身份认证、消息完整性以及抗重放功能，没有提供数据安全加密功能，而 ESP 除了具有以上 AH 的安全功能，另外还提供数据安全加密服务。因此，为了保证数据在互联网中安全传输，在最终方案的实施离不开 ESP 的参与，当然也可以让 AH 结合 ESP 来进行双重认证，而最终方案只选择了 ESP 协议。

如前面第 3 章节讲述国密算法 IPSec VPN 技术与实现的时候，可以看出在 ESP 协议中进行数据加密的算法有多种，分别为：DES、3DES、AES、SM1、SM4 等五种加密算法。具体在配置转换集的时候选择何种加密算法，则要视情况与最终方案需求来选择相对应的国密算法。

5.3 认证技术要点

认证技术从认证的内容来看，可以归纳为两种认证：一种是针对数据信息的来源进行认证，即源认证；另一种则是针对数据信息的内容完整性进行认证，亦即完整性检测。在设计当中，已经配置好了的网络环境，要想进行安全的 VPN 通信，首先就要建立安全的通信通道,这种安全通道的建立首先就是通道两端对等体的认证。这样认证以后,通道的安全性才能为彼此所承认。在其后的通信过程中,对每个数据流都要进行源认证,这样就提供了通信的不可否认性。同时,在进行源认证的时候,也要对数据进行完整性检测,防止被破坏或被修改的数据影响正常的安全通信。

　　在前文的理论介绍和系统配置的过程中,已经对认证做了比较详细的介绍,如IKE建立对等体时协商相关策略。IKE阶段通常有两种方式进行通信双方的身份认证:"预共享密钥方式"和"数字证书认证方式"。而完整性检测则是通过数据转发之前调用HMAC算法进行哈希运算,并得到一个散列值,而后由接收方对此散列值进行验证,从而确定消息是否完整无误。

5.4　IKE技术要点

　　IKE协议在整个IPSec协议簇中起着举足轻重的作用。当数据包在VPN通道传输之前,首先就要协商建立安全通道,这期间需要一组相关策略,这些策略形成SA。通信在IKE协商阶段就是为了建立IKE SA,为后续其他协议的SA起着保护作用。

　　IKE协议也是一种协议簇,其沿用ISAKMP的基础、Oakley的模式和SKEME的共享和密钥更新技术,同时也有自己的相关策略。在IKE协商过程中,ISAKMP的协商至关重要,由前面调试的信息也能看得出。IKE协商阶段中也包含了各种技术,如加密/解密、认证技术、密钥交换技术。

　　前面知识介绍了IKE的两个阶段,其中每个阶段都有自己的交换模式,这些重要的组件都是IKE协商时不可或缺的。第一阶段,协商创建一个通信信道(IKE SA),并对该信道进行认证,为双方进一步的IKE通信提供机密性、数据完整性以及数据源认证服务;第二阶段,使用已建立的IKE SA建立IPSec SA。

5.4.1 第一阶段SA(主模式SA,为建立信道而进行的安全关联)

第一阶段协商(主模式协商)步骤:

1. 策略协商

在这一步中,就四个强制性参数值进行协商:

① 加密算法:选择SM1或SM4。

② 验证算法:选择SM3。

③ 认证方法:选择证书认证、预置共享密钥认证。

④ Diffie-Hellman组的选择。

2. DH交换

虽然名为"密钥交换",但事实上在任何时候,两台通信主机之间都不会交换真正的密钥,它们之间交换的只是一些DH算法生成共享密钥所需要的基本材料信息。DH交换,可以是公开的,也可以受保护。在彼此交换过密钥生成"材料"后,两端主机可以各自生成出完全一样的共享"主密钥"与紧接其后的认证过程。

3. 进一步认证DH交换

认证DH交换需要得到进一步认证,如果认证不成功,通信将无法继续下去。"主密钥"结合在第一步中确定的协商算法,对通信实体和通信信道进行认证。在这一步中,整个待认证的实体载荷,包括实体类型、端口号和协议,均由前一步生成的"主密钥"提供机密性和完整性保证。

5.4.2 第二阶段SA(快速模式SA,为数据传输而建立的安全关联)

这一阶段协商建立IPSec SA,为数据交换提供IPSec服务。第二

阶段协商消息受第一阶段SA保护,任何没有第一阶段SA保护的消息将被拒收。其协商(快速模式协商)步骤如下:

1. 策略协商

双方交换保护需求:

① IPSec安全协议类型:AH或ESP;

② 加密算法:SM1或SM4;

③ 验证算法:SM3。

在上述三方面达成一致后,将建立起两个SA,分别用于入站和出站通信。

2. 会话密钥"材料"刷新或交换

在这一步中,将生成加密IP数据包的"会话密钥"。生成"会话密钥"所使用的"材料"可以和生成第一阶段SA中"主密钥"的相同,也可以不同。如果不作特殊要求,只需要刷新"材料"后,生成新密钥即可。若要求使用不同的"材料",则在密钥生成之前,首先进行第二轮的DH交换。

最后SA和密钥连同SPI,递交给IPSec驱动程序。

上面讲述的IKE两个阶段的重要技术,在IPSec实施过程中至关重要。在完成两个阶段的协商之后,IPSec的安全通道就完成了,后面就可以进行数据保护的安全通信。

5.5　SA服务要点

SA是IPSec技术的基础,前面章节已经对此作了比较详细的介绍。SA的各种组件、SA的创建、管理与维护、删除及相关参数等,决定了IPSec VPN通道的整体性能。因此,在配置IPSec前一定要熟练掌握SA的相关要点,并熟练掌握不同阶段、不同类型SA的协商过程,以及最终协商成功后的SA之间的协调特性。在IPSec整个协商阶段,SA可以手工配置生成,也可以由IKE动态创建,其删除也是如此。在此需要强调的是,需要同心的对等体之间最终协商的SA策略必须同步,否则协商就会失败。因此,在配置相关的策略时,必须要事先正确规划。

5.6　ESP技术要点

本研究在设计和实施过程中,应用了ESP技术,因此在此只对ESP的相关技术要点进行简述。前面描述过,ESP不仅提供了认证、完整性检测和抗重放机制,同时也提供了安全加密保护数据信息的机制。前面方案设计和实施中,针对ESP的认证的算法有HMAC-MD5和HMAC-SHA两种,其加密算法则有DES、3DES、AES和国密算法等多种加密算法。这里也需要着重强调的是,对等体之间要想顺利进行通信,二者之间的加密和认证算法必须同步,否则是无法正常通信的。同时,也要注意ESP工作在不同的IPSec封装模式(隧道模式和传输模式)下,会有不同的工作模式,这在前面已提到过。

5.7　IPSec数据封装要点

IPSec数据的封装模式有传输模式和隧道模式两种。这两种模式的详细介绍可参照前面相关章节,在此则需要说明的是这两种模式在IPSec实际实施过程中的着重点。

当通信点的IP地址为私有地址,或者不欲被外界互联网上的用户获悉,此时需要其他的网络设备(即IPSec中的加密点)对通信点传输过来的数据进行再一次的封装IP头部,新的IP头部的源IP和目的

IP 已经不是通信点的原 IP 地址,而是一组新的、可在外网传输的 IP 地址,此时穿越外网的数据则是采用隧道模式对数据进行封装的。而当通信点的 IP 头部为公网 IP,或者其 IP 可为外界获悉,则在 IPSec 实施过程中,此时就没必要使用隧道模式。因为如若使用隧道模式,则在新添加的 IP 头部和原 IP 头部相同,这样无疑徒增数据头部而无任何益处。所以此时需要选择传输模式,也就是说此时的加密点等于通信点。

另外,在选择封装模式的时候,也要结合相关安全协议进行抉择,如 AH 和 ESP 协议。由于本方案设计与实施过程选择了 ESP 协议,虽然 IPSec 的加密点和通信点(内部网络)的设备不是同一设备,但是由于 GRE 隧道和 IPSec 隧道是在同一设备的同一接口上启用,且内部数据通过 GRE 封装,封装后的数据包的转发形式,就如同加密点等于通信点一样,在同一设备上进行 GRE 封装,然后在同一设备上进行 IPSec 加密封装。因此在本设计方案实施中选用的 IPSec 封装模式为传输模式。

5.8　IPSec 实施要点

关于 IPSec 策略设置的问题,首先就是为 IKE 协商的第一阶段设置相应的策略,其可定义的属性有:第一阶段交换的模式(主模式或主动模式)和保护套件。第一阶段的策略配置好之后,就要准备第二阶段的策略,其属性包括:IPSec 感兴趣流、感兴趣流的安全属性以及针对这些感兴趣流的操作等。

IPSec 实施过程中,除了需要上述各种重要组件之外,在最终保护数据流时,需要对网络中的数据流进行筛选,经过筛选后的数据流即为 IPSec 感兴趣流,感兴趣流则会经过 IPSec 进行加密,而非 IPSec 感兴趣流则不进行 IPSec 加密。

　　网络中的数据流对于IPSec来说可分为三种:第一种为IPSec感兴趣流,这种流量经过IPSec网络设备时,会进驻IPSec进程,最终经过IPSec封装后转发至目的地;第二种就是非IPSec感兴趣流,这种流量经过IPSec设备时,经检测为非IPSec感兴趣流,当这些数据流进驻IPSec进程时,会被IPSec进程拒绝而丢弃;第三种也为非IPSec感兴趣流,但这种数据流是不需要IPSec加密的,诸如互联网中正常通信的数据流,它们会直接绕过IPSec进程。面对上述三种网络数据流,在IPSec实施过程中,就需要针对于实际需求而制定相应的策略,以在不影响正常的非IPSec通信情况下,而进行正常的IPSec通信。

参 考 文 献

[1] 魏海燕,张磊.浅谈行政事业单位固定资产管理效能提升:基于信息化视角[J].中国机关后勤,2023(5):49-51.

[2] 齐世放.国有资产管理存在的问题及对策探究[D].北京:中国社会科学院,2012.

[3] 张娜.基于IPSec的VPN网络安全的实现[J].中国新通信,2016,18(19):83-83.

[4] 王欢.基于IPSec协议的网络安全技术应用分析[J].中国新通信,2016(3):88-88.

[5] 王笛,陈福玉.基于IPSec VPN技术的应用与研究[J].电脑知识与技术(学术版),2020,16(11):17-19.

[6] 季征南,马立国,吴英,等.计算机网络信息安全中虚拟专用网络技术的应用研究[J].冶金管理,2021(1):185-186.

[7] 刘景云.活用IPSec规则,打造安全网络环境[J].电脑知识与技术:经验技巧,2015(9):116-118.

[8] 孙荣燕,蔡昌曙,周洲,等.国密SM2数字签名算法与ECDSA算法对比分析研究[J].网络安全技术与应用,2013(2):60-62.

[9] 付朋侠.推进国产密码算法应用,实现信息系统自主可控[J].科学家,2015,3(10):104-105.

[10] 张尧,刘笑凯.基于国密算法的IPSec VPN设计与实现[J].信息技术与网络安全,2020,39(6):49-52.

[11] 刘建兵,马旭艳,杨华,等.国密算法在主动安全网络架构中的应用[J].信息安全研究,2021,7(12):1121-1126.

[12] [RFC 2401].Internet协议的安全体系结构.

[13] [RFC 2403].在ESP和AH中使用HMAC-MD5-96.

[14] [RFC 2404].在ESP和AH中使用HMAC-SHA-1-96.

[15] [RFC 2406].IP封装安全有效载荷(ESP).

[16] [RFC 2407].Internet IP用于解释ISAKMP的安全域.

[17] [RFC 2408].Internet安全关联和键管理协议(ISAKMP).

[18] [RFC 2409].Internet密钥交换(IKE).

[19] [RFC 2410].NULL加密算法及其在IPSec协议中的应用.

[20] [RFC 2764].IP VPN的框架体系.

[21] [RFC 2784].通用路由封装(GRE).